WUZHOU SHUKONG JICHUANG WUCHA JIANMO
YU JINGDU CEPING FANGFA YANJIU

五轴数控机床误差建模与精度测评方法研究

孙惠娟　著

重庆大学出版社

内容提要

数控机床的精度是保证零件加工精度的首要条件之一。随着交通、航空、航天等领域的快速发展，汽车零部件、飞机结构件及现代模具的结构变得越来越复杂，因此对数控机床的精度也提出了更高的要求。

本书以"高档数控机床与基础制造装备"科技重大专项课题为背景，针对企业在加工生产中对大型龙门、立式及卧式等五轴数控机床精度检测和评价的实际需求，深入研究了数控机床误差检测办法、误差辨识与分离机理、误差分析模型与精度测评方法，对我国高档数控机床的自主开发及精度的提高有着重要的理论价值和实用价值。

图书在版编目(CIP)数据

五轴数控机床误差建模与精度测评方法研究/孙惠娟著. -- 重庆：重庆大学出版社，2019.10
ISBN 978-7-5689-1864-0

Ⅰ.①五… Ⅱ.①孙… Ⅲ.①数控机床—加工误差—系统建模—研究 ②数控机床—加工精度—评价—研究
Ⅳ. ①TG659

中国版本图书馆 CIP 数据核字(2019)第 240986 号

五轴数控机床误差建模与精度测评方法研究

孙惠娟 著

策划编辑：杨粮菊

责任编辑：陈 力 邓桂华 版式设计：杨粮菊

责任校对：张红梅 责任印制：张 策

*

重庆大学出版社出版发行

出版人：饶帮华

社址：重庆市沙坪坝区大学城西路 21 号

邮编：401331

电话：(023)88617190 88617185(中小学)

传真：(023)88617186 88617166

网址：http://www.cqup.com.cn

邮箱：fxk@cqup.com.cn(营销中心)

全国新华书店经销

重庆俊蒲印务有限公司印刷

*

开本：787mm×1092mm 1/16 印张：7 字数：182 千

2019 年 10 月第 1 版 2019 年 10 月第 1 次印刷

ISBN 978-7-5689-1864-0 定价：49.00 元

前言

数控机床的精度是保证零件加工精度的首要条件之一。随着交通、航空、航天等领域的发展,汽车零部件、飞机结构件及现代模具的结构变得越来越复杂,曲面变得越来越多,因此对数控机床的精度也提出了更高的要求。提高机床精度一直是国内外研究的目标之一,我国数控机床在性能、精度和可靠性等方面与国外机床还存在较大的差距。针对数控机床精度保持性和提高的需求,进行数控机床误差分析与精度测评的研究,对我国高档数控机床的自主开发及精度提高有着重要的理论意义和实用价值。

本书以"高档数控机床与基础制造装备"科技重大专项课题为背景,针对实际企业中所采用的大型龙门、立式及卧式等五轴数控机床精度检测和评价的实际需求,开展了五轴数控机床误差建模与精度评价技术的研究,深入研究了数控机床误差检测方法、误差辨识与分离机理、误差分析模型及精度测评方法。其主要研究工作与成果如下:

①五轴数控机床误差建模原理与分析模型研究。针对3种构型五轴数控机床,在分析数控机床主要误差来源及误差形式的基础上,基于多体系统理论建立了不同构型五轴数控机床的综合误差模型。

②提出五轴数控机床旋转定位误差的非接触式检测方法。根据不同构型五轴数控机床旋转轴的结构特点,利用机器视觉技术采集旋转轴在不同位置的标志图像,采用图像处理技术对获取的图像进行转角定位误差计算,并与传统检测方法进行对比分析,验证所提方法的可行性和有效性。

③提出转台加摆头式五轴数控机床几何误差和伺服误差综合建模评价方法。在不同进给速度下,对转台加摆头式五轴数控机床多轴联动时的几何误差和伺服误差进行了分析与评价,并对其在机床总误差中所占比重进行了评估,结果表明高速时伺服动态误差对机床总误差影响较大。该方法为相似构型机床的几何和伺服误差的综合评价提供了参考。

④建立双转台式五轴数控机床旋转轴误差检测与辨识模型。根据五轴数控机床旋转轴运动形式及其相关误差源的特

点，制订了不同的误差检测模式与分离方法。利用球杆仪在不同检测模式下检测机床旋转轴运动时的误差，通过建立与两个旋转轴相关的误差辨识模型，对误差结果进行分离和辨识，得到与回转工作台相关的误差参数，为旋转轴误差的补偿和调整提供了参考依据。

⑤建立五轴数控机床空间误差分析模型。利用激光干涉仪等仪器检测机床坐标轴的各项误差，基于多体系统理论建立空间误差模型，计算机床工作区域内的空间误差分布，预测机床当前精度状况，为确定机床的特定误差检测项，实现对主要误差项的快速、高效检测和数控机床误差补偿提供基础数据。

⑥提出五轴数控机床圆度误差检测与分离方法。在分析机床圆度误差影响因素基础上，推导了误差传递函数与误差分离算法，通过参数求解得到各误差源对机床圆度误差的影响程度，实现了各误差源的定性分析和定量分析。利用光栅尺位移传感器和球杆仪对数控机床在不同工况下的圆度误差进行检测，通过对比进一步分析数控机床的主要误差源，并利用所提方法对机床圆度误差进行了初步分离。

⑦开发出数控机床精度评价原型系统。针对用户需求，在数控机床误差检测、辨识基础上，设计机床精度测评指标集，构建机床精度评价指标体系，结合层次分析法与模糊综合评判法，建立了数控机床精度评价原型系统。

本书由重庆工业职业技术学院孙惠娟编著，在完成书稿的过程中参考了部分文献，在此编者对该部分文献的作者们和本书的审阅者表示感谢。

同时本书得到了重庆市教委科学技术研究项目（自然科学类 KJ1603001）的资助。

著　者

2019 年 5 月

目录

1 绪论

1.1 研究目的与意义

数控机床被称为“工作母机”,其加工零件的质量和精度在很大程度上取决于机床的自身性能,机床的技术水平直接决定了产品的精度水平。随着五轴数控机床在交通、航空、航天领域的广泛应用,飞机结构零件的不断发展,飞机的结构件呈现出“结构尺寸越来越大,零件结构越来越复杂,复杂曲面越来越多,几何精度不断提高”的特点,对加工零件的数控机床要求也越来越高。而机床本身的各种问题都可能导致所加工的零件质量不合格,目前,大多数机床厂家一般都是在零件加工完毕后对零件进行质量检查,发现机床精度出现问题时再想办法对其进行修复,这种方法效率低、误差率高、周期长,可能导致长时间的停机,使得制造成本大大增加。

针对这一问题,比较理想的解决方法是在机床精度尚未超出偏差范围之前,根据需要对机床工作状态进行监控,并对机床进行日常精度检测,根据其精度变化追溯机床的误差来源,并针对各种误差来源对机床进行相应的补偿,来消除或减少误差,使机床的精度始终保持在要求的范围内,以便及时发现和解决问题,提高零件加工精度。对机床精度的测评是保证零件加工精度,提高机床精度保持性的重要过程。本书通过对影响机床精度的因素进行分析得到机床精度测试指标集,根据所设计的精度指标集进行机床精度的检测。对获取的精度数据进行分析,建立精度数据映射模型,进行精度数据解耦处理。根据所建立的机床精度评价体系推导机床精度测评算法与测评流程,通过所建立的数控机床精度测评原形系统实现数控机床的精度测评,机床精度测评结果以报告的形式进行显示,用于指导用户了解所测评机床目前的精度状况。本书所做的工作对我国高档数控机床的自主开发及精度提高有重要的实用价值。

1.2 五轴数控机床发展概况

精密加工技术是指加工的尺寸、形状精度为 0.1 ~ 1 μm,表面粗糙度 $Ra \leqslant 30$ nm,超精密加工技术是指加工的尺寸、形状精度为 0.1 ~ 100 nm,表面粗糙度 $Ra \leqslant 10$ nm 的所有加工技术的总称。“精密”“超精密”既与加工尺寸、形状精度及表面质量的具体指标有关,又与一定技术条件下实现这一指标的难易程度相关。精密和超精密数控机床是获得高的形状精度、表面精度和表面粗糙度零件的基本条件。随着交通、航空、航天等领域的发展,汽车零部件、飞机结构件及现代模具的结构变得越来越复杂,曲面变得越来越多,对数控机床的精度也提出了更高的要求。

五轴加工中心是一种专门用于加工机翼、叶轮、叶片、重型发电机转子等具有复杂空间曲面零件的高科技含量、高精密度的现代数控加工中心。其优点主要在于:①能够加工一般三轴联动机床不能加工或者无法一次装夹加工完成的自由曲面,节省装夹次数和时间;②可以提高空间曲面的加工精度、加工效率和加工质量。

当前,欧美国家、日本、韩国等生产的五轴联动数控机床基本上代表了五轴联动数控机床发展的最高水平。著名的五轴联动数控机床厂有德国 DMG 公司、Zimmermann 公司,瑞士威力铭一马科黛尔公司、宝美技术公司,韩国 Doosan 公司等。

一直以来,国内五轴联动数控机床相对于国外的整体水平还比较低,主要原因在于机床的关键功能还未能实现自主研发,与国外同类产品相比,国产机床的稳定性、精度等指标较差。同时,在高精度技术含量精密机床方面,国外对中国实行技术封闭和进口限制,目前国内市场上的五轴联动机床仍以进口机床为主。我国十分重视机床行业的发展,2009 年年初启动了“高档数控机床与基础制造装备”国家科技重大专项,重点支持高档数控机床、基础制造装备、数控系统、功能部件、工具、关键部件、共性技术等方面的研究和开发,且在各高校及相关企业的共同努力下,我国的五轴数控机床技术也得到了飞速的发展,已逐渐形成了比较成熟的产品。从 CIMT2007 展会上所展机床的情况来看,我国五轴联动数控机床已经形成了品种多样、技术成熟、拥有自主技术知识产权的特点。国内著名的五轴联动数控机床生产厂家主要有沈阳机床厂、上海机床厂、济南机床厂、北京机床研究所、昆明机床厂、普什宁江机床厂等。

目前,我国的机床改造策略正处在高速发展时期,社会各界对此广泛关注。最近,由大连科技局、金州新区等组织,大连光洋科技主办的“中大型机床亚微米级集成控制技术国际研讨会”在金州新区举行。会上,光洋科技在国内首次将激光测量用于中大型机床运动控制,实现了 0.5 μm/1 000 mm 的定位精度和 0.1 μm/1 000 mm 的重复定位精度,比传统精密机床精度提高了一个数量级。与会专家认为,此项技术使国内中大型高档数控机床在亚微米超精密集成控制方面取得了重大技术突破,在国际上处于领先水平。

随着我国国民经济的迅速发展和国防建设的需要,用户对设备的需求正向柔性、生产效率、功能多样和高性能等个性化需求方向转移,由此也促进了数控机床向高速高效化、模块化、高精度和复合加工等方向发展,对带动和提升我国机床工业水平具有重要的战略意义。

1.3 数控机床误差检测与评价技术研究概况

1.3.1 数控机床精度概念及精度体系

“加工精度”和“加工误差”是评定零件几何参数准确程度的两种不同概念。加工误差的大小表明了加工精度的高低,一般来说,精度越高,误差越小;精度越低,误差越大。零件在加工过程中,由机床、夹具、工件和刀具所组成的工艺系统会产生各种误差,从而改变刀具和工件在切削运动过程中的相互位置关系,从而影响零件的加工精度。机床的精度是指机床各部件与其理想位置偏离的程度。机床精度分为机床加工精度和机床静态精度。其中,机床加工精度是指被加工零件达到的尺寸精度、形状精度和位置精度;机床静态精度是指机床的几何精度、运动精度、传动精度、定位精度等在空载条件下检测的精度。通常可以通过相关的检测仪器检测机床的几何精度和位置精度从而直接反映机床的精度状况。而加工精度一般通过专用试件的加工精度来间接反映机床的精度状况。随着科技的不断进步,机床的精度也在不断提高,如图 1.1 所示为机床精度的界限随着时间的变化曲线图。

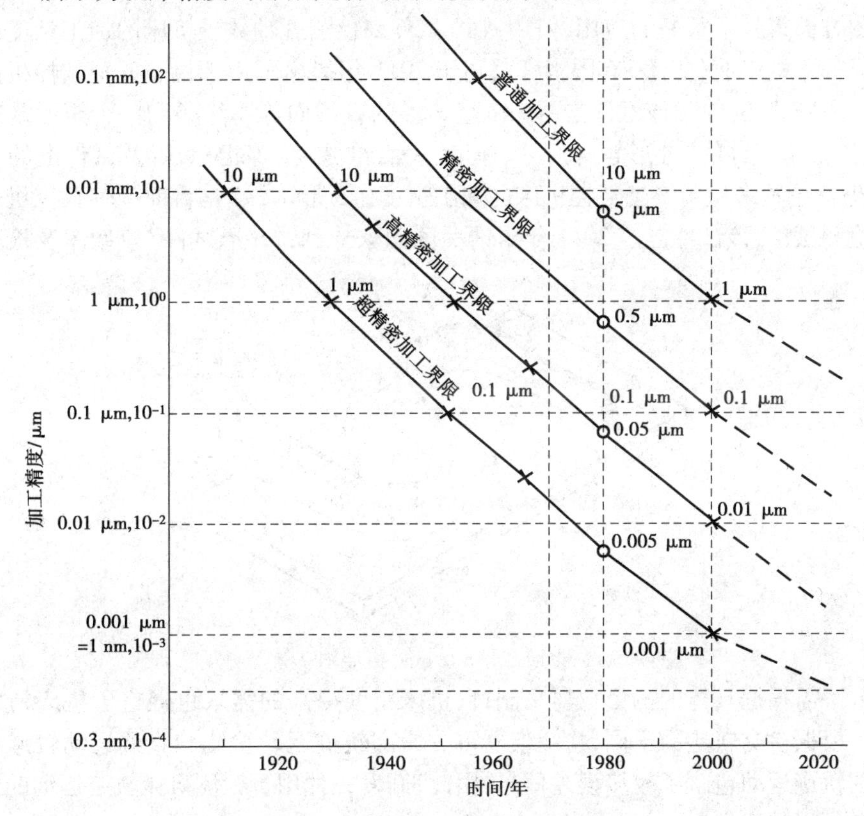

图 1.1 精度概念的发展与变化

目前,提高机床精度的方法主要有误差防止法和误差补偿法,其中误差补偿法无须更换机床的硬件,降低了生产成本,缩短了开发周期,成为提高机床加工精度的主要方法。误差补偿法的关键技术有误差检测技术、误差建模技术、误差补偿技术,其中误差检测技术和误差建模技术是误差补偿技术的前提。

五轴数控机床的误差测评技术归纳起来主要有误差检测技术、误差分离与辨识技术、误差建模与误差预测技术、精度评价技术等关键技术。

1.3.2 数控机床精度检测技术研究现状

常用的机床误差测量方法有直接测量法和间接测量法,其中,间接测量法如用典型工件试切或试加工,再对所试切的工件进行精度检测,其测量结果中包括了工艺、刀具和材料等因素在内,虽然可以通过试件的加工精度间接反映机床的精度,但不能精确地用于指导机床的研发和改进。直接测量法如用微位移传感器测量装夹在主轴上的圆柱形基准棒或基准球，或者对装夹在工件台面上的基准量块或平尺直接进行测量，其可以直接获得某项误差，但该方法测量效率低，测量的范围（如行程）有限。

目前，世界各国对数控机床精度检测指标的定义、测量方法及数据处理方法等都有所不同。国际上有5种精度标准体系，分别为德国VDI标准、日本JIS标准、国际标准ISO标准、国标GB系列和美国机床制造商协会NMTBA。其中，NAS979是美国国家航空航天局在20世纪70年代提出的通用切削试件，“NAS试件”是通过检测加工好的圆锥台试件的“面粗糙度、圆度、角度、尺寸”等精度指标来反映机床的动态加工精度。NAS试件已在三坐标数控机床的加工精度检测方面得到了很好的应用，但用NAS试件来检测五轴数控机床的加工精度还存在一些问题。成都飞机工业（集团）有限责任公司于2011年提出了用于检验五轴数控机床精度的标准试件——“S形试件”，该试件是由一个呈S形的直纹面等厚缘条和一个矩形基座组合而成，通过检测加工试件的“外形轮廓尺寸、厚度、表面粗糙度”等指标，以及试件上的3条线共99个点的坐标位置来检验五轴数控机床的加工精度，“S形试件”是目前五轴数控机床精度检验通用的检测试件，该试件已于2011年申请美国国家专利，“S形试件”模型图及检测点如图1.2所示。

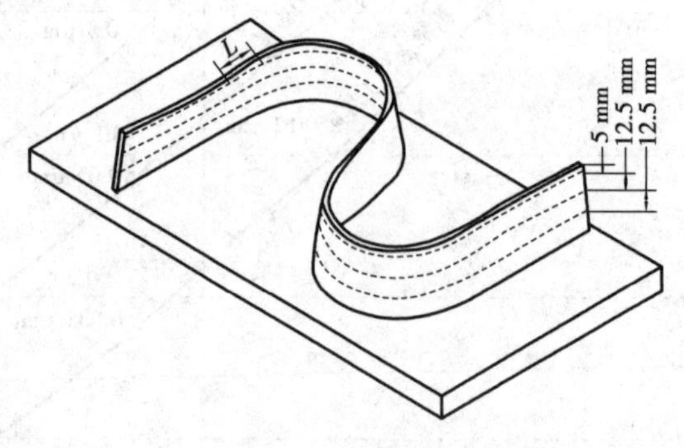

图1.2　S形试件模型图

测量方法需根据具体的测量仪器来制订，机床精度提高的需求也促进了机床精度检测工具的发展。根据检测轨迹的不同，检测仪器可分为圆轨迹运动检测和直线运动轨迹检测。由于机床的圆轨迹运动包含了较多误差信息，因此，开发一种用于检测机床轨迹运动的仪器成为国内外学者的研究重点。

1982年Bryan发明了双球规法（Double Ball Bar，DBB），该装置由一个安装在可伸缩纤维杆内的高精度直线位移传感器构成。测量时，将中心座固定在工作台上，球杆仪一端小球与中心座相连，另一端小球与主轴端相连，在机床运动过程中，当杆长发生变化时，内置的位移传感器将电感信号转变成位移信号，输送至计算机中。该检测方法已被列入美国机床验收标准ASMEB5.54，并被国际机床检验标准ISO 230-2采用。2009年M. Sharif Uddin等用DBB首次实现了双转台五轴加工中心的几何运动误差的检测。

其他的圆轨迹检测仪器如Knapp研制的基准圆盘—双向微位移计测头法（DGBP），Okuyama研制的全周电容—圆球法（CBP），姜明锡提出的四连杆机构法（PFLM），丘华发明的二连杆机构-角编码器法（PTLM）。

Heidenhain公司研制的平面正交光栅（GGET），既可以检测圆轨迹，又可以检测直线轨迹或不规则的异形平面运动。Wei Gao等用光电自准直仪检测主轴偏角的误差，用电容位移测头测出了主轴的轴向跳动误差,用直尺和电容位移测头结合检测出了导轨的直线度误差。

韩国的 S. W. Hong 等通过"标准检验棒—微位移传感器—编码器法"一系列的检测可溯源到机床的各个单项运动误差。

用于直线运动轨迹检测的仪器,目前比较常用的有双频激光干涉仪和激光跟踪仪。

双频激光干涉仪是一种用途广泛的超精密非接触式测量装置,该类仪器以激光在真空中的波长作为长度基准,可以达到纳米级的测量分辨率。目前主要的激光干涉仪的生产厂家有英国 Renishaw 公司,其生产激光干涉仪线性测量分辨率可达 0.001 μm,最高测量速度可达 60 m/min。另外还有美国 API 公司,该公司生产的高精密型激光干涉仪,其线性测量精度可达 0.2 ppm;偏摆角和俯仰角精度可达(0.2 +0.02)″/m。

双频激光干涉仪目前已广泛应用于精密、超精密机床的误差检测中。利用双频激光干涉仪对机床进行各项误差检测,目前比较流行的方法有二十二线法、十五线法、十四线法、九线法等多种位移测量法。

激光跟踪测量系统(Laser Tracker System,LTS)是工业测量系统中一种高精度的大尺寸测量仪器,可对空间运动目标进行跟踪并实时测量目标的空间三维坐标。其具有高精度、高效率、实时跟踪测量、安装快捷、操作简便等特点,适合于大尺寸工件配装测量。但激光跟踪仪的测量精度有限,其测量的误差与测量的距离有关,距离越长,误差越大,其应用得到了限制,但根据需要在某些机床上可以考虑作为误差矢量的方向性判断。

上海交通大学杨建国团队与美国光动公司合作,基于激光多普勒位移测量仪提出了一种沿体对角的机床空间几何误差的激光矢量测量方法,通过分步测量机床工作空间的 4 条体角线,并结合空间误差综合模型快速分离机床的 19 项误差。该方法通过添加 3 个面上的 6 条对角线,可以实现分离出机床的 21 项几何误差。

机床的热误差检测通过位置传感器和温度传感器同时检测机床热关键点的热变形和温升,分析机床热变形的分布规律和对机床精度的影响机理,并通过相应的补偿算法对机床进行误差补偿,提高机床精度。目前对机床热误差检测和补偿技术已经比较成熟,如上海交通大学开发的数控机床综合误差实时补偿系统,采用了并行线程的处理模式,通过实时采集机床温度和位移数据,建立热误差,选择数学模型、综合数据处理,上位机通过数控补偿系统对机床误差进行实时补偿,该方法已在工厂企业里得到了应用。

近年来,我国的测量技术和相关仪器的研究取得了一系列的重要进展,新型的检测原理、检测技术、测量系统和仪器设备不断出现:新型传感原理及传感器、先进制造的现场、非接触式、数字化测量、微纳米级超精密测量、超大尺寸精密测量及相关测量理论研究等方面都有了长足的发展。

根据国际生产工程协会(CIRP)的预测,至 2012 年,30% ~50% 的新机床将配备定位误差、直线度和各种转向误差的补偿功能。随着数控机床使用数量的增加,在使用过程中如何对数控机床精度进行再标定及误差溯源,调整机床以排除故障或对其进行误差补偿,并定期对数控机床误差进行检测和补偿的需求也会增加。提高机床精度的关键步骤是误差检测,快速高效的误差检测方法成为研究的重点,同时随着多轴数控机床的广泛应用,研究的对象也逐渐向多轴机床转移。

1.3.3 数控机床误差建模方法研究现状

机床误差建模技术是实现机床误差补偿提高机床精度的重要步骤。机床误差建模已经发展了多种不同的建模方法,如对机床的几何误差、空间误差以及包括多种误差的综合误差建模方法。

(1)几何误差建模方法

1961 年 Leete、French 和 Humphries 等用三角关系建立机床的几何误差模型。

1986 年 Ferreira 和 Liu,1989 年 Elshchnawy 和 Ham 等基于刚体运动和小角度误差假说建立了三轴机床和坐标测量机的几何误差解析二次型模型。同年,Han 和 Zhou 等用 FFT 法建立了旋转工作台的位置误差模型。

1992 年 Soons 等基本刚体假说基础建立了一种包括转动轴的多轴机床误差模型。

1994 年 Ziegert 等建立了包括机床运动误差的神经网络模型。

(2)空间误差建模方法

1993—1977 年 Love 和 Scarr、Schultschik、Lin 和 Ehmann 等通过分析机床各误差因素的影响关系,建立了机床的空间误差模型。Kiridena 等用机构学方法建立了"RRTTT、RTTTR、TTTRR"形式的五轴数控机床空间几何误差模型,为此后多轴机床空间误差模型的建立打下了基础。

(3)综合误差建模方法

Donmez 等针对车床推导出了包括几何误差和热误差在内的广义的误差模型。

1988 年 Rexhtov 基于小角度误差假设,用变分法推导出了任意构造机床广义精度模型,利用该模型可以将机床的各种误差直接用参数的形式来表达。

1992 年 Chen 等通过齐次变换方法建立了包括几何误差与热误差在内的 32 项误差元素的误差模型,该模型适用于非刚体条件下的运动。

1996 年 Yang 和 Yuan 等用小波控制神经网络对机床热误差进行了建模。

1997 年朱建忠、李圣怡、黄凯等在考虑零件加工工艺的基础上,使 Rexhtov 的变分模型更符合实际应用。

1998 年杨建国等用齐次坐标变换的原理建立起车削加工中心的几何与热误差模型。

2000 年 Rahman 等基于齐次坐标矩阵建立起包含多种误差在内的多轴数控机床准静态误差综合空间误差模型。

2009 年林伟青等利用动态自适应算法,优化热误差建模中的参数,首先对数据进行最小二乘支持矢量机建模,根据误差变量确定权重系数,建立了数控铣床热误差模型。试验结果表明,该建模方法精度高,泛化能力强,优于未加权的最小二乘支持矢量机和传统最小二乘法。

2012 年阳红等利用灰色模型和最小二乘支持向量机模型,通过加权系数将两种模型进行组合。试验结果表明,数控机床热误差最优权系数组合建模方法精度高、泛化能力强,优于灰色预测、最小二乘支持向量机和多元线性回归 3 种建模方法。

机床误差建模方法的发展从内容上来说,包括的误差项越来越多,从单一的几何误差到多种误差的综合,从直线、平面误差到空间误差。从建模的理论上来说,从传统的统计分析到使用自学习的神经网络再到多种建模方法的综合运用。随着人们对机床各种误差源的逐步认识和研究,误差的建模方法也越来越向通用性强、综合性强、准确性高的方向发展。

1.3.4 数控机床误差辨识与解耦方法研究现状

机床误差检测结果中包含了多种误差成分,需借助一定的误差分离算法对误差进行解耦处理。误差辨识和解耦的原理非常复杂,通常与所采用的检测方法密切相关。国内外学者针对误差辨识开展了多方面的研究,开发出不少误差辨识方法,归结起来主要有综合误差测量辨识和间接误差测量辨识。

目前,导轨误差辨识的方法有利用 Renishaw 检查规、雷射追踪球杆、一维球列及 TBB 等测量仪器,建立误差与测量轨迹运动关系的辨识方法。2006 年曲智勇等提出了一种十线法的误差辨识方法,该方法通过测量仿真区域内 10 条直线的位移误差,快速、精确地确定 3 个导轨的全部 21 项几何误差,缩短了误差辨识时间。这些方法辨识的原理是利用激光干涉仪测量机床工作空间内不同位置直线上的坐标点,利用位移的误差建立误差辨识方程来辨识三轴数控机床的 21 项基本误差。

2004 年任永强等提出五轴数控机床各运动副的误差补偿运动量与刀具和工件间的误差值(位置及方向误差)之间存在一定的耦合关系,并基于小误差补偿运动假设,分析了误差运动和补偿运动间的相互关系,对五轴数控机床各运动副的位置及方向误差补偿运动进行了解耦。

2005 年加拿大的 S. H. H. Zargarbashi 等也专门对转动轴的误差进行了研究,用 DBB 通过 5 次测量实现了该转动轴轴向误差、径向误差、偏摆误差等 5 项误差的辨识,每次测量都是一次安装,减少了人工干预,检测精度得到提高。

2011 年张宏韬提出了一种适合五轴数控机床特点的分步解耦补偿实施策略,首先进行姿态误差补偿,通过旋转轴的旋转运动将工件的实际姿态调整到与理想姿态相同,然后通过移动轴的平移运动进行位置误差补偿。

2010 年胡建忠利用双球杆仪针对五轴数控机床的两个直线轴和任意一个旋转轴三轴联动运动进行圆度检测,制订了 6 种运动轨迹来检测机床的空间由此来对与五轴数控机床旋转相关的误差进行分离。

目前针对数控机床的误差辨识方法主要是运用激光干涉仪和球杆仪这两种检测工具进行不同检测路径的规划,并根据所建立的误差辨识模型进行误差辨识和分离。首先利用检测仪器将一些可以直接获得的误差项检测出来,减小误差的耦合项数,对一些不能直接测得的误差,通过制订特殊检测路径测量综合误差,其次利用误差辨识模型对各项误差进行辨识,最后得到各项相关的误差。

1.3.5 数控机床精度评价方法研究现状

目前常用的综合评价方法主要包括基于人工神经网络的综合评价法、基于粗糙集的综合评价法、基于模糊数学的综合评价法、层次分析评价法、灰色模糊综合评价法、多元综合评价分析法、风险评价决策分析法和数据包络分析法等。

人工神经网络(Artificial Neural Network, ANN)是一种能够自组织、自学习、自适应、非线性映射的神经网络,通过初始样本集的训练能够对多指标综合评价问题作客观的评价。人工神经网络的缺点是不能合理地选择初始训练样本集,通常需要与其他评价方法相结合,如模糊评价、粗糙集、熵权 TOPSIS 法、层次分析及遗传算法等。

层次分析法(The Analytic Hierarchy Process,AHP)是美国著名运筹学家 T. L. Satty 等人在 20 世纪 70 年代提出的一种将定性与定量相结合的多准则决策方法,该方法能够客观地对人们的主观判断进行描述,原理简单易于理解,目前已广泛应用于城市规划、招标评价、科研成果评价、系统资源分析、社会科学等领域。

粗糙集理论(Rough Set Theory,RST)是波兰学者 Paw lak 于 1982 年提出的一种可以处理模糊性和不确定性的数学工具,该方法可将确定权重的问题转化为粗糙集属性重要性评价的问题。

模糊集合理论(Fuzzy Sets,FS)是由美国自动控制专家查德(L. A. Zadeh)教授于 1965 年提出的用于表达事物不确定性的一种理论。模糊综合评价法是一种基于模糊数学的综合评价方法,该方法根据模糊数学的隶属度理论可把定性评价的问题转化为定量评价的问题,即用模糊数学对受到多种因素制约的事物或对象作一个总体的评价,该方法能较好地解决模糊的、难以量化的问题,适应于解决各种非确定性的问题。

2010 年刘世豪等建立了数控机床综合性能的评价指标体系,采用层次分析法中的 1 ~9 标度法确定了数控机床各项性能指标的权重系数,提出运用模糊综合评判法对数控机床综合性能的评价指标进行评价研究。

在运用这些评价方法时,应该根据所选择的评价指标的性质选择合适的评价方法。

1.3.6 数控机床精度预测研究现状

1991 年 Kim 等用刚体运动学模型建立起三轴数控机床空间误差预报模型。

1998 年 Minyang Yang 提出利用两个圆球和一个接触式探测器检测机床的几何误差和热误差,建立了机床的热误差神经网络预测模型,并利用测量结果对预测模型进行修改,提高误差预测的可靠性。

2000 年杨庆东等利用神经网络建立机床热误差补偿模型,通过实验验证,预测模型可预报补偿 70% 以上的机床热变形误差。

2002 年卢碧红等通过简化工艺系统尺寸链的“三瞬心”法建立了工件加工精度的预测模型,实验结果表明预测模型的相对误差在 10% 以内。

2003 年粟时平利用多体系统理论,基于虚拟加工技术开发出了数控机床加工精度预测系统。

2004 年孙春华采用 BP 神经网络的方法建立了电解加工精度与加工参数之间的预测模型,该模型的预测误差可控制在 10% 以内。

2007 年 M. Sharif Uddin 等利用球杆仪辨识所建机床误差模型参数预测机床的精度,并用标准的 NAS979 试件进行实验验证预测机床的加工精度。

2008 年张松青等利用数理统计法建立了零件加工精度变化的预测模型,并通过典型轴类零件验证了所建模型的精确性和适应性。

2009 年杨小萍运用多元回归分析方法建立了铣削参数与刀具几何参数集成的表面粗糙度的预测模型,并利用最小二乘法建立了直线度、平面度和线轮廓度的预测算法。

2010 年胡建忠利用多体系统理论建立了双转台五轴数控机床运动误差模型,对标准圆锥台试件进行加工精度的仿真,并对圆锥台试件的加工圆度误差进行了预测。

2011 年王永等提出了一种综合考虑尺寸、形位公差的精度预测方法，将零部件的实际配合面想象为理想的配合面，分析系统末端功能面的空间位置分布范围和分布规律，实现了对机械系统的精度预测。

2012 年刘志峰等利用多体系统理论建立了精密立式加工中心的精度预测模型，通过对典型试件的模拟加工，实现了机床加工精度的预测，该预测方法可为机床设计方案的改进和精度分配提供参考依据。

2012 年 C. Ahilan 等提出了一种利用神经网络建立数控车削过程加工参数（切削速度、进给率、切削深度和刀尖点半径）与表面粗糙度和功率消耗之间关系的预测模型。

Kuang-Chao Fan 等于 2012 年提出在给定切削力和导轨参数的条件下，可用于计算由导轨磨损接触变形引起滑板几何误差的数学模型，并通过该数学模型预测导轨在长时间使用之后的定位误差。

目前数控机床的精度预测技术主要是基于多体系统理论和神经网络所建立的预测模型，精度预测的结果可为机床最终的加工精度提供参考。另外，通过所预测的机床的精度结果可以进一步找出误差的主要来源，为下一步提高机床的精度奠定基础。

1.4 研究内容与技术路线

本书研究的主要目的是根据实际需要，结合实际企业所采用的国产高档数控机床的特点，归纳分析数控机床几何精度、定位精度指标，以此为基础确定精度的检测项目、检测方法，搭建数控机床精度数字化检测平台。开展的主要研究内容如下：

①数控机床精度影响因素分析。通过对数控机床结构关联形式、误差类型及误差源的分析，明确数控机床精度检测的主要误差源及误差形式。

②数控机床精度测评指标集设计与检测方法研究。在数控机床误差检测方法与影响因素分析的基础上，设计数控机床精度测评指标集。分析国际和国内检测标准，研究以三坐标测量机、激光干涉仪、球杆仪及数控机床用工件测头等为核心检测设备的数控机床精度检测方法，提出可行的数控机床精度检测方法，以国产五轴数控机床为研究对象，进行机床精度检测实验验证。

③数控机床误差模型研究。基于多体系统理论，建立不同构型五轴数控机床的误差模型。利用解耦技术确定数控机床精度优化评价指标集，提出定量分析与定性分析相结合的指标数据映射模型。

④数控机床精度测评算法与测评流程研究。提出数控机床精度评价体系及评价算法，建立数控机床精度测评流程与规范结构形式。

⑤数控机床精度测评软件模块开发。在数控机床精度检测及评价技术研究基础上，开发数控机床精度测评软件模块，实现对机床精度的测评，并基于机床现场运行状态，完成对机床当前精度的测评。

本书以国产高档五轴数控机床为研究对象，重点研究五轴数控机床误差检测、误差建模与精度评价等关键技术，在此基础上开发一套数控机床精度测评系统。针对不同机床的结构特点及误差分布，选用相应的误差检测方法，利用误差辨识与分离算法对检测结果进行误差辨识,根据所建立的误差模型对机床误差分布情况进行机床工作空间精度预测与加工能力评价,在所开发的原型系统上利用层次分析和模糊评价方法对所建立的精度指标评价体系进行精度评价。本书研究所采用的技术路线如图 1.3 所示。

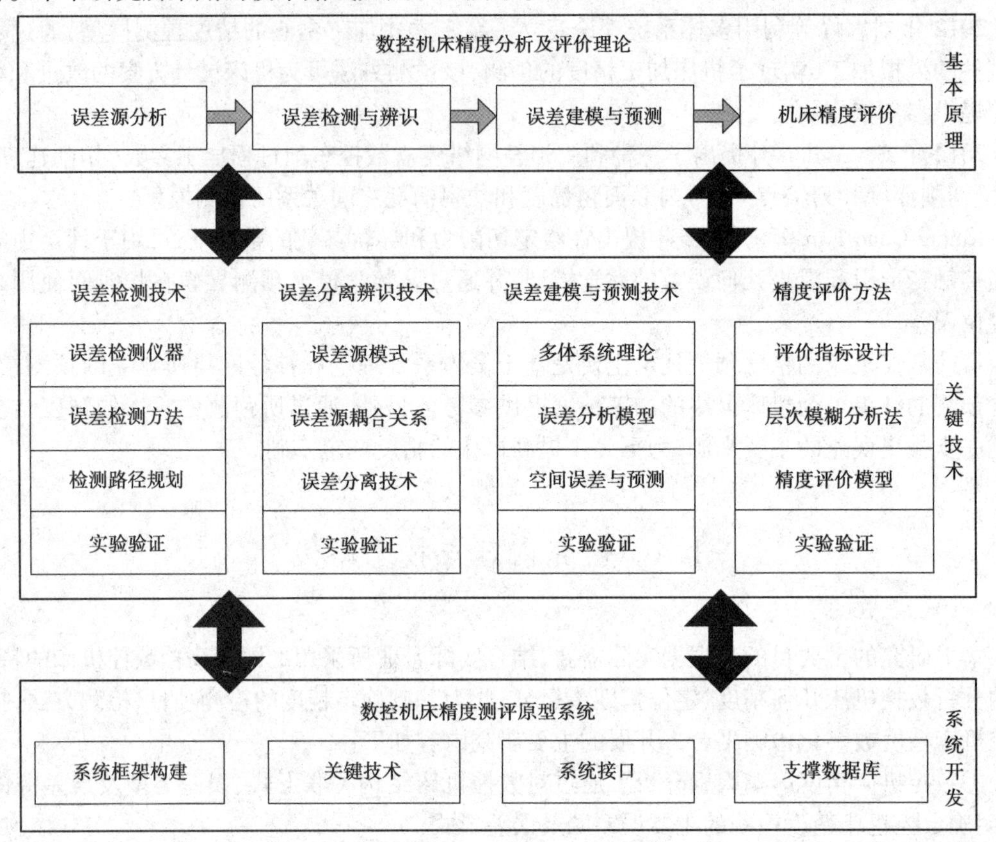

图 1.3　研究技术路线

本书主要对五轴数控机床的误差建模与测评技术进行了研究,共分为 9 章,具体章节内容如下:

①绪论。首先介绍五轴数控机床的发展概况,机床精度的定义、精度体系、机床精度对零件加工的影响。其次分别从机床精度综合建模方法、机床误差辨识与解耦方法、精度评价方法、误差检测方法及机床精度预测技术 5 个方面对数控机床的精度分析及研究现状进行综述。最后给出主要研究内容及技术路线。

②五轴数控机床误差建模原理与分析模型。本章介绍机床主要误差来源及误差形式,五轴数控机床结构分类,多体系统理论误差建模原理与方法,并针对不同构型五轴数控机床建立相应的综合误差模型,为后续章节的误差分离、精度预测与评价奠定理论基础。

③五轴数控机床旋转定位误差的非接触检测方法。本章介绍利用非接触式的机器视觉检测原理对不同构型五轴机床旋转轴的定位误差进行检测和分析的方法。与传统方法相比,该方法仅需制作特定的标志固定于要检测的机床旋转轴上,利用相机对不同位置的标志进行拍照实现非接触测量,且检测结果与传统检测方法较接近。该方法易于实现模块化集成,其关键技术是图像的处理与分析,通过编制图像处理程序进行分析处理即可获得机床转角的定位误差,无须进行人工记录和分析计算。

④转台加摆头式五轴数控机床几何和伺服误差综合评价。在不同进给速度下,对转台加摆头式五轴数控机床旋转轴与直线轴联动时的几何与伺服误差进行分析与评价,并对其在机床总误差中所占比重进行评估,结果表明,高速时伺服动态误差对机床总误差影响较大。该方法适用于类似机床的几何误差及伺服误差的评价,由实验结果可知,高速时机床的伺服动态误差对机床总误差影响较大。

⑤双转台式五轴数控机床旋转轴误差检测与辨识方法。本章分析双转台式五轴机床旋转轴相关的误差项,根据五轴数控机床直线轴与旋转轴运动形式与误差特点,制订不同的误差检测与误差分离方法。通过建立两个旋转轴相关的误差模型,利用球杆仪检测旋转轴和直线轴联动的误差,并对误差结果进行分离和辨识,得到与回转工作台相关的误差参数,为旋转轴误差的补偿和调整提供参考依据。

⑥双摆头式五轴数控机床空间误差分析模型。利用激光干涉仪等仪器检测机床坐标轴的各项误差,基于多体系统理论建立空间误差模型,计算机床工作区域内的空间误差分布,预测机床当前精度状况,为确定机床的特定误差检测项,实现对主要误差项的快速、高效检测和数控机床误差补偿提供基础数据。通过所建立空间误差模型对机床的空间误差进行预测,所建预测模型可用于类似结构的数控机床。

⑦数控机床圆度误差检测与误差分离方法。本章对数控机床圆度误差检测中各误差源及部分误差源的误差传递函数进行了推导。根据机床插补运动轨迹与各误差源之间的关系,进行了误差分离算法的推导,通过求解相应的参数得到各种误差源在机床总误差中所占的比重及具体误差值,实现对各误差源的定性与定量分析。同时利用光栅尺位移传感器和球杆仪在不同工况下对数控机床进行两轴联动圆误差检测,通过对两种检测结果对比,进一步分析数控机床的主要误差源。同时根据光栅尺检测的优点,进行机床在小半径、高速度和大半径、高速度工况下的误差检测。根据用户对机床日常检测与维护的需要,开发了数控机床圆度误差分离功能模块。

⑧基于层次分析法的数控机床精度评价系统。本章利用前几章提出的方法对机床各项误差进行检测和误差分离,计算得出机床精度评价指标体系中最底层的各项评价指标值,利用层次分析法和模糊综合评判法对机床的精度进行逐层评价和整体评价。在此基础上开发数控机床精度测评系统,实现该系统的主要框架和功能模块,并对测评系统的典型模块运行实例进行展示。

⑨总结与展望。总结研究内容,并指出下一步的研究方向。

2 五轴数控机床误差建模原理与分析模型

误差源是影响机床加工精度的重要因素，本章对影响机床加工精度的误差来源进行分类介绍，根据不同误差源对机床总误差的影响程度，针对五轴数控机床，对机床各轴的几何误差和热误差进行重点分析。误差建模是减小误差，提高机床精度的重要手段，本章在明确机床误差来源的基础上，首先对多体系统基本理论及利用多体系统理论进行误差建模的方法进行阐述；其次依据五轴数控机床直线轴和旋转轴的不同组合形式，将五轴数控机床分为3种不同构型，并对实验对象机床进行分类；最后根据3种不同构型机床的结构特点分别构建机床误差模型。

2.1 数控机床误差源

误差源是产生某种误差的根源，包括产生误差的部位和原因，如导轨的直线度、主轴的回转误差等。按照误差的来源，数控机床误差源可分为外部误差和内部误差两种。其中，外部误差主要是指对机床加工精度产生影响的周围环境温度、附件设备的振动、电网电压的波动、空气湿度与污染、操作者的操作等一些因素；内部误差主要是指由机床的加工系统的内部因素（如加工原理误差、机床各部件的几何误差、受力误差、热变形、刀具的磨损、切削力及振动等）引起的误差。这些误差源会在不同程度上影响机床的加工精度，如图2.1所示。研究表明，机床所有误差源中，几何误差、热误差占总误差的45%～65%，表2.1列出了机床各误差源在总误差中所占的比重。按误差的性质，机床误差源可分为准静态误差和动态误差。其中，准静态误差主要由机床各组成部件的几何形状、表面质量、相互之间的位置误差及热误差等误差引起；动态误差主要包括主轴运动误差、机床振动、伺服控制误差等。各种误差源的存在，使得机床在运动过程中刀具的实际运动轨迹和理想运动轨迹发生偏离，从而产生加工误差。

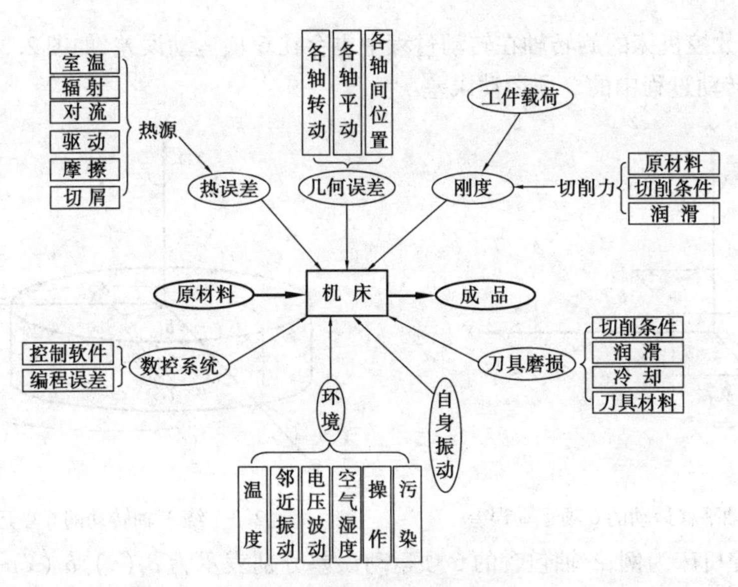

图 2.1　数控机床的误差来源

表 2.1　机床各误差源所占比重

误差名称		所占比例/%	
机床误差	几何误差	20～30	45～65
	热误差	25～35	
加工过程误差	刀具误差	10～15	25～40
	夹具误差	6～10	
	工件热变形和弹性变形误差	3～5	
	操作误差	6～10	
检测误差	安装误差	2～5	1～15
	不确定性误差	8～10	

2.2　五轴数控机床误差源分析

2.2.1　几何误差分析

数控机床的几何误差是指由组机床各部件工件表面的几何形状、表面质量、相互之间的位置误差所产生的机床运动误差，又称为运动误差。

运动学原理表明，一个物体在空间有 6 个自由度，包括 3 个平移自由度和 3 个转角自由度，物体在空间运动就包含 6 个误差项，3 个平移误差和 3 个转角误差。对于数控机床来说，每个坐标轴都有 6 项运动误差，此外，直线运动副和旋转运动副之间的相互关系还可能造成两者之间的运动误差。以 X 轴为例，如图 2.2 所示为五轴数控机床的 X 轴在平移运动时的 6 项误差，同样五轴数控机床的旋转轴在转动过程中也存在 6 项运动误差，如图 2.3 所示为五轴数控机床 X 轴在转动过程中的 6 项运动误差。

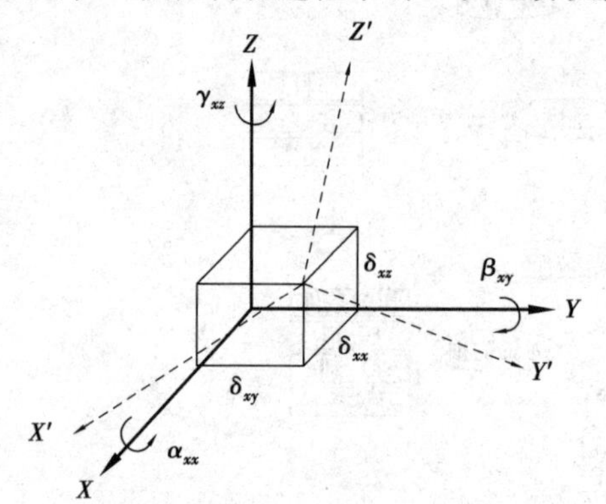

图 2.2　沿 X 轴平移运动的 6 项运动误差

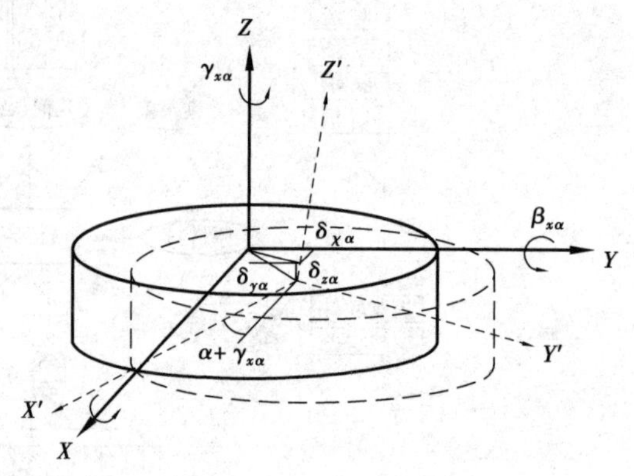

图 2.3　绕 X 轴转动的 6 项运动误差

以五轴数控机床为例，X 轴包含的 6 项运动误差分别表示为 $\delta_x(x)$、$\delta_y(x)$、$\delta_z(x)$、$\varepsilon_x(x)$、$\varepsilon_y(x)$、$\varepsilon_z(x)$，其中 $\delta_i(x)(i=x,y,z)$ 为平移运动误差，$\varepsilon_i(x)(i=x,y,z)$ 为旋转运动误差。

Y 轴包含的 6 项运动误差分别表示为 $\delta_x(y)$、$\delta_y(y)$、$\delta_z(y)$、$\varepsilon_x(y)$、$\varepsilon_y(y)$、$\varepsilon_z(y)$，其中 $\delta_i(y)(i=x,y,z)$ 为平移运动误差，$\varepsilon_i(y)(i=x,y,z)$ 为旋转运动误差。

Z 轴包含的 6 项运动误差分别表示为 $\delta_x(z)$、$\delta_y(z)$、$\delta_z(z)$、$\varepsilon_x(z)$、$\varepsilon_y(z)$、$\varepsilon_z(z)$，其中 $\delta_i(z)(i=x,y,z)$ 为平移运动误差，$\varepsilon_i(z)(i=x,y,z)$ 为旋转运动误差。

同理，两个旋转轴也存在 6 项误差，以 AC 轴为例。A 轴的 6 项运动误差分别表示为 $\delta_{xA}(\alpha)$、$\delta_{yA}(\alpha)$、$\delta_{zA}(\alpha)$、$\varepsilon_{xA}(\alpha)$、$\varepsilon_{yA}(\alpha)$、$\varepsilon_{zA}(\alpha)$，其中 $\delta_{iA}(\alpha)(i=x,y,z)$ 为平移运动误差，$\varepsilon_{iA}(\alpha)(i=x,y,z)$ 为旋转运动误差。C 轴的 6 项运动误差分别表示为 $\delta_{xC}(\gamma)$、$\delta_{yC}(\gamma)$、$\delta_{zC}(\gamma)$、$\varepsilon_{xC}(\gamma)$、$\varepsilon_{yC}(\gamma)$、$\varepsilon_{zC}(\gamma)$，其中 $\delta_{iC}(\gamma)(i=x,y,z)$ 为平移运动误差，$\varepsilon_{iC}(\gamma)(i=x,y,z)$ 为旋转运动误差。

其中 3 个直线轴在平移运动时，与其运动方向相同的误差称为该轴的定位误差。此外还包括 3 个直线轴中两两轴之间的垂直度误差，分别表示为 α_{yz}、β_{xz}、γ_{xy}。

主轴部件对机床加工精度有很大的影响，由于通常绕其自身轴线的转角误差对机床加工精度影响不大，可以忽略，因此，主轴部件共有 5 项误差，分别为沿 X、Y、Z 坐标方向的移动误差 $\delta_x(\theta)$、$\delta_y(\theta)$、$\delta_z(\theta)$，分别绕 X、Y 轴的转角误差 $\varepsilon_x(\theta)$、$\varepsilon_y(\theta)$，其中 θ 为主轴转角。

2.2.2　热误差分析

机床的温升和热变形是由各种“热源”引起的，工艺系统的热源可以分为两大类：内部热源和外部热源。其中，内部热源包括机床的各个传动件，如机床内部的轴承、电机、齿轮副、离合副、导轨及液压系统等运转时产生的“摩擦热”和机床在加工过程中所产生的“切削热”；外部热源主要包括气温、冷热风气流等外界环境的变化和阳光、照明、暖气设备、人体等各种热辐射的影响。机床热误差产生的主要原因是机床各个热源的分布及其所产生热量的不均匀性，使机床的各个零部件产生不均匀的温升和热膨胀，从而引起机床各部件的尺寸、外形和空间相对位置发生变化，导致主轴相对于工作台的位置发生改变，原点坐标变化，机床运动机构移动的直线性产生偏差，破坏反馈系统工作的稳定性。

一般情况，机床上各部分的温度不是一个恒定值，而是随着时间和空间变化的，可表示为

$$T = f(x,y,z,t) \tag{2.1}$$

这种随时间而变的温度场称为不稳定温度场。如果机床上各部件的温度都不随时间的变化而变化，则这种温度场称为稳定温度场，可以表示为

$$T = f(x,y,z) \tag{2.2}$$

机床温升对精度的影响主要表现在影响机床的加工精度，改变部件间滑移面的间隙，降低油膜的承载能力，恶化机床的工作条件。工件的升温与测量工具的温度不同，它影响测量精度等方面。

对于五轴数控机床来说，各个坐标轴和主轴都可能产生热变形误差，然而，由温升引起的转角误差比较复杂，难以测量，通常情况下不予考虑。五轴数控机床的热变形误差主要有：

X 坐标轴原点在 X、Y、Z 轴方向的热变形误差：$\delta_{xX}(t)$、$\delta_{yX}(t)$、$\delta_{zX}(t)$。

Y 坐标轴原点在 X、Y、Z 轴方向的热变形误差：$\delta_{xY}(t)$、$\delta_{yY}(t)$、$\delta_{zY}(t)$。

Z 坐标轴原点在 X、Y、Z 轴方向的热变形误差：$\delta_{xZ}(t)$、$\delta_{yZ}(t)$、$\delta_{zZ}(t)$。

A 坐标轴原点在 X、Y、Z 轴方向的热变形误差：$\delta_{xA}(t)$、$\delta_{yA}(t)$、$\delta_{zA}(t)$。

C 坐标轴原点在 X、Y、Z 轴方向的热变形误差：$\delta_{xC}(t)$、$\delta_{yC}(t)$、$\delta_{zC}(t)$。

主轴部件是机床的主要热源之一，主要存在 5 项热误差，分别为主轴坐标系原点的 3 项热变形误差，分别为 $\delta_{xS}(t)$、$\delta_{yS}(t)$、$\delta_{zS}(t)$，以及两项主轴轴线的热倾斜误差：$\varepsilon_{xS}(t)$、$\varepsilon_{yS}(t)$。

2.2.3　其他误差分析

在机床的主要误差源中，除了几何误差和热误差的影响外，还有切削力误差、刀具误差、夹具误差。

切削力误差是指数控机床在加工过程中，切削力作用使得工件和机床导轨部件产生变形，从而使刀具和工件的相对位置发生偏移，产生加工误差，影响工件的加工精度。切削力作用的位置和大小都会对加工精度产生影响。

刀具的制造误差、安装误差和使用过程中的磨损都会影响工件的加工精度，刀具在切削过程中，切削刃、刀面与工件、切屑产生强烈摩擦，使刀具磨损。采用定尺寸刀具、成形刀具、展成刀具加工时，刀具的制造误差会直接影响工件的加工精度，而对一般刀具（如车刀等），其制造误差对工件加工精度无直接影响。

夹具误差主要是指夹具的定位元件、导向元件及夹具体等的加工与装配误差，其对被加工工件的位置误差有较大的影响。夹具的磨损是逐渐而缓慢的过程，它对加工误差的影响不很明显，对其进行定期的检测和维修，可提高其几何精度。

2.3　多体系统理论分析与误差建模

多体系统（Multi Body，MB）是指由多个刚体或柔体通过某种形式联结起来的一种复杂机械系统。对一般复杂机械系统都可以利用多体系统对其进行完整的抽象和有效的描述，多体系统是目前分析和研究复杂机械系统的一种最优模式。多体系统运动特征分析方法采用齐次矩阵来表示点的位置和矢量的姿态，在多体系统中建立广义坐标系，将多体系统理想状态下和

实际状态下的静态和动态过程中各部分相对位置和姿态的变化以及误差的情况作统一和完整的描述。

数控机床一般由床身、工作台、各坐标轴、主轴、刀具等部件构成，是一种典型的多体系统。可以利用多体系统理论对机床在理想和实际状态下的运动进行描述，分析机床各部件实际误差对机床总误差的影响情况，揭示机床在各部件存在误差的情况下刀尖点和工件加工点的相对误差，由此得到机床在目前各部件误差影响下的加工精度。

2.3.1 多体系统几何结构描述方法

描述多体系统拓扑结构有两种基本的方法：一是基于图论，该方法是由罗伯林和威腾伯格在20世纪60年代末提出的；二是低序体阵列，该方法是由休斯敦和刘又午在20世纪60年代后期创建的。使用低序体阵列描述多体系统拓扑结构更为简洁方便，本书基于低序体阵列对多体系统拓扑结构进行描述。

如图2.4所示为一任意假设的多体系统的拓扑结构，图中参考坐标系 R 为 B_0 体，选1体为 B_1 体，然后沿远离 B_1 的方向，按自然增长数列，从一个分支到另一个分支，依次为各体编号。

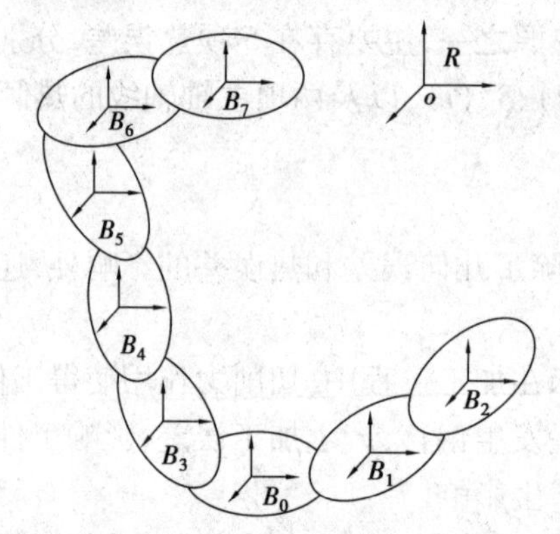

图2.4 多体系统拓扑结构图

任选体 B_j 为多体系统中任意典型体，体 B_j 的 n 阶低序体的序号定义为

$$L^n(j) = i \tag{2.3}$$

式中，L 为低序体序号运算法则；i、j 为典型体 B_i、B_j 的序号，其中 B_i 是 B_j 的低序体，且 $L^0(j)=j$，$L^n(0)=0$。

通过式(2.3)迭代计算可以得到各典型体的低序体序号，由此可以得出多体系统的低序体阵列，见表2.2。

表2.2 多体系统拓扑结构的低序体阵列

典型体(j)	1	2	3	4	5	6	7
$L^0(j)$	1	2	3	4	5	6	7
$L^1(j)$	0	1	0	3	4	5	6
$L^2(j)$	0	0	0	0	3	4	5
$L^3(j)$	0	0	0	0	0	3	4

续表

典型体(j)	1	2	3	4	5	6	7
$L^4(j)$	0	0	0	0	0	0	3
$L^5(j)$	0	0	0	0	0	0	0
$L^6(j)$	0	0	0	0	0	0	0

2.3.2　多体系统运动变换矩阵

根据多体系统误差分析理论,需对多体系统在理想状态下和实际状态下的位置和姿态的变化情况分别进行分析,多体系统中各典型体之间存在相对静止和相对运动这两种状态,需分别分析多体系统的理想运动变换矩阵和实际运动变换矩阵。

(1)典型体的几何表示

于参考体 B_0 和各典型体 $B_i, B_j, \cdots, B_n$ 分别建立静态坐标系和动态坐标系,如图 2.5 所示,坐标系 $O_0-X_0Y_0Z_0$ 为广义坐标系,$O_i-X_iY_iZ_i$ 和 $O_j-X_jY_jZ_j$ 分别为典型体 B_i 和 B_j 的动态坐标系,点 O_i 到点 O_j 的位置变化表示两个典型体间的运动变化情况,其中,矩阵 T_{ijp} 为理想的静止位置矩阵,矩阵 T_{ijs} 为理想的运动位置矩阵,T_{ijp} 和 T_{ijs} 分别用 4×4 的齐次矩阵表示。

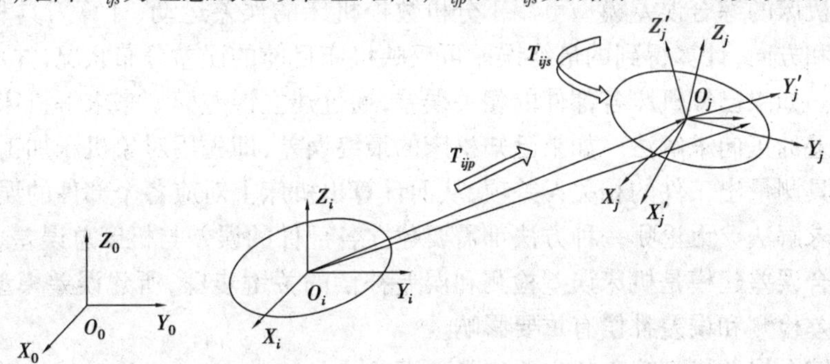

图 2.5　理想状态下典型体 B_i 和 B_j 的坐标变换

(2)理想运动变换矩阵

多体系统中典型体之间的运动变换主要有坐标点的变换、平移运动变换和旋转运动变换。根据图像处理中的坐标变换方法,若坐标系 $O_j-X_jY_jZ_j$ 由 $O_i-X_iY_iZ_i$ 首先做旋转运动,即绕 X 轴旋转 α,再绕新的 Y 轴旋转 β,再绕新的 Z 轴旋转 γ,然后做平移运动,即沿新的 X 轴平移 x,再沿新的 Y 轴平移 y,再沿新的 Z 轴平移 z,则坐标系由 $O_j-X_jY_jZ_j$ 至 $O_i-X_iY_iZ_i$ 的理想静止变换矩阵为

$$T_{ijs}=\begin{bmatrix}\cos(\beta)\cos(\gamma) & -\cos(\beta)\sin(\gamma) & \sin(\beta) & x\\ \cos(\beta)\sin(\gamma)+\sin(\alpha)\sin(\beta)\cos(\gamma) & \cos(\alpha)\cos(\gamma)-\sin(\alpha)\sin(\beta)\sin(\gamma) & -\sin(\alpha)\cos(\beta) & y\\ \sin(\beta)\sin(\gamma)-\cos(\alpha)\sin(\beta)\cos(\gamma) & \sin(\alpha)\cos(\gamma)-\cos(\alpha)\sin(\beta)\sin(\gamma) & \cos(\alpha)\cos(\beta) & z\\ 0 & 0 & 0 & 1\end{bmatrix}\tag{2.4}$$

(3)实际运动变换矩阵

机床在运动过程中,由于各部件之间不仅存在静止位姿误差还存在运动位姿误差,因此,

实际运动变换矩阵包括理想运动特征矩阵和运动角误差特征矩阵。若坐标系 $O_j - X_jY_jZ_j$ 由 $O_i - X_iY_iZ_i$ 首先做旋转运动，即绕 X 轴旋转 α 的误差角为 $\Delta\alpha$，再绕新的 Y 轴旋转 β 的误差角为 $\Delta\beta$，再绕新的 Z 轴旋转 γ 的误差角为 $\Delta\gamma$，然后做平移运动，即沿新的 X 轴平移 x 的平移误差为 Δx，再沿新的 Y 轴平移 y 的平移误差为 Δy，再沿新的 Z 轴平移 z 的平移误差为 Δz，则坐标系由 $O_j - X_jY_jZ_j$ 至 $O_i - X_iY_iZ_i$ 的实际运动误差变换矩阵为

$$\Delta T_{ijs} = \begin{bmatrix} \cos(\Delta\beta)\cos(\Delta\gamma) & -\cos(\Delta\beta)\sin(\Delta\gamma) & \sin(\Delta\beta) & \Delta x \\ \cos(\Delta\beta)\sin(\Delta\gamma)+\sin(\Delta\alpha)\sin(\Delta\beta)\cos(\Delta\gamma) & \cos(\Delta\alpha)\cos(\Delta\gamma)-\sin(\Delta\alpha)\sin(\Delta\beta)\sin(\Delta\gamma) & -\sin(\Delta\alpha)\cos(\Delta\beta) & \Delta y \\ \sin(\Delta\beta)\sin(\Delta\gamma)-\cos(\Delta\alpha)\sin(\Delta\beta)\cos(\Delta\gamma) & \sin(\Delta\alpha)\cos(\Delta\gamma)-\cos(\Delta\alpha)\sin(\Delta\beta)\sin(\Delta\gamma) & \cos(\Delta\alpha)\cos(\Delta\beta) & \Delta z \\ 0 & 0 & 0 & 1 \end{bmatrix} \tag{2.5}$$

在矩阵中，当误差角 $\Delta\alpha$、$\Delta\beta$、$\Delta\gamma$ 很小时，可以忽略高阶“无穷小”，ΔT_{ijs} 可以变为

$$\Delta T_{ijs} = \begin{bmatrix} 1 & -\Delta\gamma & \Delta\beta & \Delta x \\ \Delta\gamma & 1 & -\Delta\alpha & \Delta y \\ -\Delta\beta & \Delta\alpha & 1 & \Delta z \\ 0 & 0 & 0 & 1 \end{bmatrix} \tag{2.6}$$

2.3.3 基于多体系统的误差模型

五轴数控机床的综合误差模型可用于分析数控机床的误差运动、计算刀具和工件之间的相对位置误差和方向，计算得到的最终误差可反映机床目前的误差分布状况，并可以用于后续的误差补偿中。如果已知机床各部件的相关误差，通过建立误差模型来求解机床的最终误差，这种方法是误差的正向求解法。如果已知机床的最终误差，即先用对象机床加工一个试件，然后通过检测工具测量出工件的相关误差项，从而计算出机床上对应各个部件的误差，这种方法是误差的逆向求解法。无论哪一种方法都需要建立各部件的误差与机床总误差之间的关系模型。机床的综合误差建模是机床误差检测和误差补偿的关键步骤，所建误差模型的结构及正确性对机床误差检测和误差补偿有重要影响。

数控机床综合误差模型建立的主要步骤如下：

(1)机床各部件坐标系的建立

根据机床的拓扑结构建立两条分支链，即从机床床身到工件的分支链与从机床床身到刀尖的分支链；然后建立两条分支链上各部件的坐标系和机床的参考坐标系。

(2)各相邻部件之间运动变换关系矩阵的建立

根据多体系统运动学原理，分别建立机床各相邻部件在理想状态下和有误差状态下的特征矩阵，即各相邻部件之间的运动变换关系矩阵。

(3)刀具坐标系和工件坐标系之间运动变换关系的建立

根据机床的刀具运动轨迹与和工件被切削路线一致的原则，分别建立刀具坐标系和工件坐标系相对于机床坐标系之间的关系矩阵。

(4)综合误差模型的建立

在各种误差因素的影响下，机床的实际运动轨迹与指令运动轨迹在空间发生偏离，则机床的综合误差为机床的实际运动位置与理想运动位置之间的偏差。

2.4　五轴数控机床结构形式分类

2.4.1　五轴数控机床类型

五轴数控机床一般由 3 个平移运动轴和两个旋转运动轴组成。3 个平移运动轴通常标记为 X 轴、Y 轴和 Z 轴，两个旋转轴通常以 $A/B/C$ 任意两个组合的形式标记。如图 2.6 所示，根据两种运动轴的组合形式可将五轴数控机床分为 3 类：双转台式、转台加摆头式和双摆头式。

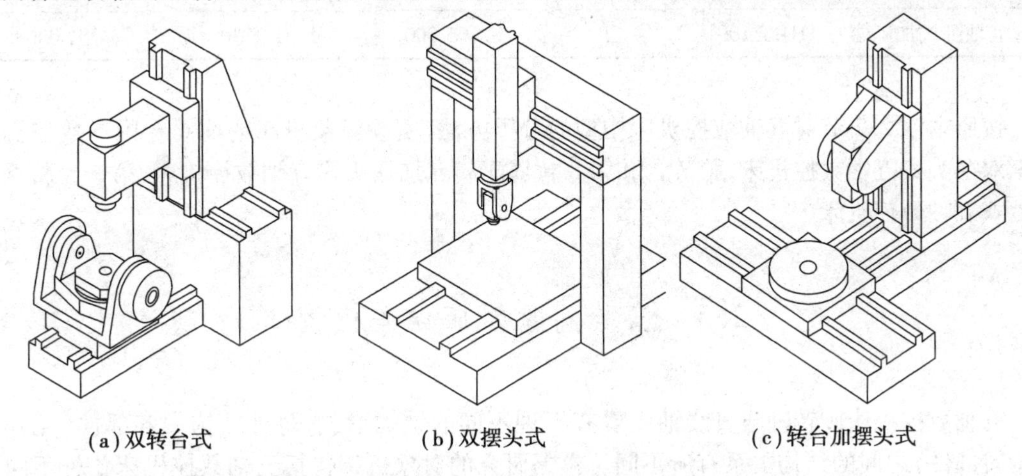

(a) 双转台式　　(b) 双摆头式　　(c) 转台加摆头式

图 2.6　五轴机床构型

双转台式结构的五轴数控机床[图 2.6(a)]的主轴体积不受限制，可配备大功率的电主轴，加工时工件需要在两个旋转方向进行运动，主轴与转台容易发生干涉，其结构较简单，价格相对较为低廉，成为应用数量最多的一种五轴数控机床，也是国内外学者研究的主要对象。

双摆头式结构的五轴数控机床[图 2.6(b)]是指机床的两个转动轴都在主轴上，由刀具绕两个轴转动以使刀具能指向空间任意方向的机床，不存在旋转半径与转台载荷的限制。该构型的机床加工范围比较大，一般为龙门式或动梁龙门式机床，运动灵活，操作比较方便，缺点是机床的摆动机构结构比较复杂，一般刚性较差。

转台加摆头式结构的五轴数控机床[图 2.6(c)]结合了双转台式和双摆头式机床的优点，工件在转台上做旋转运动，加工范围较广，其应用范围十分广泛。

2.4.2　实验对象机床

本书根据飞机结构件的工艺特点，采用数控专项整机类产品目录中支持的国产高档数控机床(其中，钛合金加工机床的主轴功率不低于 30 kW，最高转速不低于 3 000 r/min；铝合金加工机床的主轴功率不低于 40 kW，最高转速不低于 24 000 r/min)，进行钛合金、铝合金典型飞机结构件的小批量生产示范应用。

实验对象机床的名称与主要参数见表 2.3。

表 2.3 实验研究对象机床

机床名称	数量/台	主轴转速/(r·min^{-1})	主轴功率/kW	工作台尺寸/mm
钛合金五轴立式加工中心	2	6 000	30	2 000×800
钛合金五轴单主轴数控龙门加工中心	1	6 000	30	2 500×6 000
铝合金五轴立式加工中心	1	24 000	50	2 000×800
五轴桥式高速龙门加工中心	2	24 000	50	3 000×9 000
高精度五轴卧式加工中心	1	7 000	40	Φ1 250
五轴卧式加工中心 5HMC40	1	40 000	17	Φ400
五轴卧式加工中心 THM63100	1	5 000	30	Φ1 000

按照本章 2.2 节对五轴数控机床构型的分类方法,实验对象机床的前 6 台国产数控机床属于双摆头式五轴数控机床,第 7 台和第 8 台属于转台加摆头式五轴数控机床,第 9 台属于双转台式五轴数控机床。

2.5 实验对象机床误差模型

五轴数控机床旋转轴与直线轴主要有 3 种不同的结构形式,每种结构中各部件(尤其是各旋转部件)之间的结构关系有所不同。本书研究的对象机床包括五轴数控机床 3 种不同的构型,以下分别针对这 3 种不同构型的机床进行误差建模分析。

2.5.1 双转台式五轴数控机床误差模型

如图 2.7 所示为双转台式五轴数控机床的结构模型图,如图 2.8 所示为其拓扑结构图,表 2.4 为其相邻多序体阵列表。

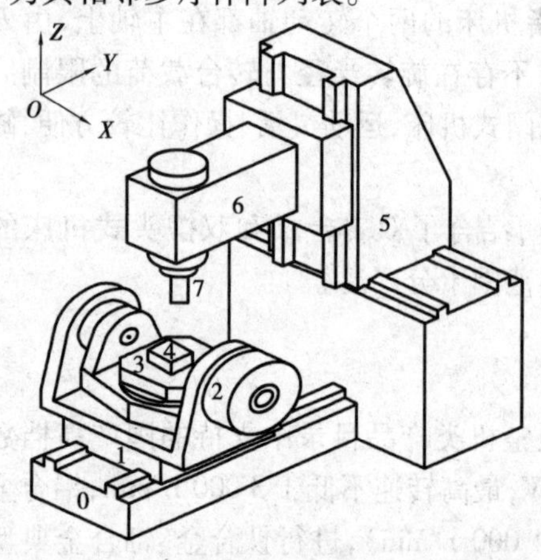

图 2.7 双转台式五轴数控机床结构示意图
0—床身;1—X 滑块;2—A 转台;3—C 转台;
4—工件;5—Y 滑块;6—Z 滑块;7—刀具

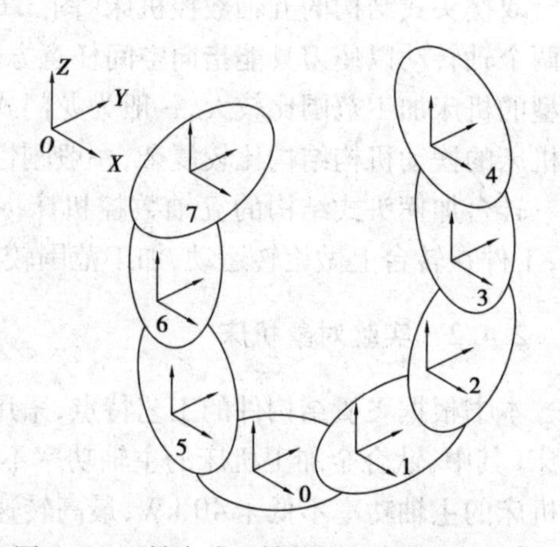

图 2.8 双转台式五轴数控机床拓扑结构图

表 2.4 双转台式五轴数控机床低序体阵列

典型体(j)	1	2	3	4	5	6	7
$L^0(j)$	1	2	3	4	5	6	7
$L^1(j)$	0	1	2	3	0	5	6
$L^2(j)$	0	0	1	2	0	0	5
$L^3(j)$	0	0	0	1	0	0	0
$L^4(j)$	0	0	0	0	0	0	0
$L^5(j)$	0	0	0	0	0	0	0

假设 T_{ij} 表示机床部件 j 相对于机床部件 i 的运动变换矩阵，则 X 滑块相对于机床床身的坐标变换矩阵为 T_{01}，转台 A 相对于 X 滑块的坐标变换矩阵为 T_{12}，以此类推，则该机床的工件链分支的坐标变换矩阵分别为 T_{01}、T_{12}、T_{23}、T_{34}，刀具链分支的运动变换矩阵分别为 T_{05}、T_{56}、T_{67}，当存在误差的情况下各分支的误差变换矩阵分别为 ΔT_{01}、ΔT_{12}、ΔT_{23}、ΔT_{34} 和 ΔT_{05}、ΔT_{56}、ΔT_{67}。

理想情况下，机床的刀尖点和工件上被切削点是完全重合的，根据机床上各相邻体之间的坐标变换关系，则刀具坐标系相对于工件坐标系的变换矩阵 T_{47} 为

$$T_{47} = T_{40} \cdot T_{07} = (T_{04})^{-1} \cdot T_{07} = (T_{01} \cdot T_{12} \cdot T_{23} \cdot T_{34})^{-1} \cdot (T_{05} \cdot T_{56} \cdot T_{67}) \tag{2.7}$$

在存在误差的情况下，刀尖点和工件上被切削点在空间发生偏离，刀具坐标系相对于工件坐标系的变换矩阵可以看成在理想运动状态下又叠加上一个误差变换矩阵，即

$$\begin{aligned} {}^{E}T_{47} &= T_{47} \cdot \Delta T_{47} = T_{40} \cdot T_{07} \cdot (\Delta T_{40} \cdot \Delta T_{07}) \\ &= (T_{01} \cdot T_{12} \cdot T_{23} \cdot T_{34})^{-1} \cdot (T_{05} \cdot T_{56} \cdot T_{67}) \cdot (\Delta T_{01} \cdot \Delta T_{12} \cdot \Delta T_{23} \cdot \Delta T_{34})^{-1} \cdot (\Delta T_{05} \cdot \Delta T_{56} \cdot \Delta T_{67}) \end{aligned} \tag{2.8}$$

本书研究对象机床中(表 2.3)第 9 台机床属于双转台式结构，在进行该误差建模时可以利用式(2.8)的误差模型进行机床误差分析。

2.5.2 双摆头式五轴数控机床误差模型

如图 2.9 所示为双摆头式五轴数控机床的结构模型图，如图 2.10 所示为其拓扑结构图，表 2.5 为其相邻多序体阵列表。

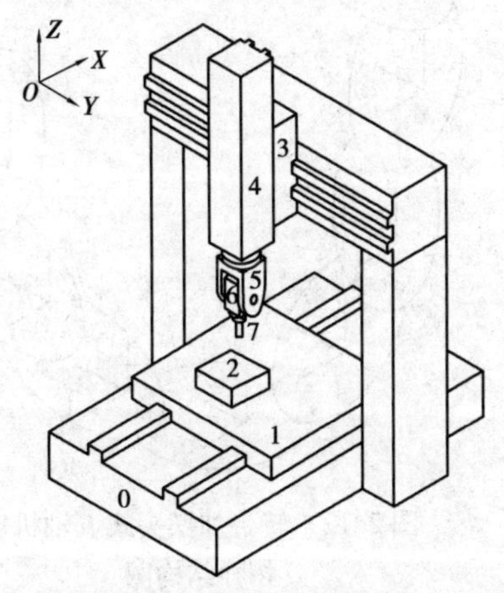

图 2.9 双摆头式五轴数控机床结构示意图
0—床身；1—X 滑块；2—工件；3—Y 滑块；4—Z 滑块；5—C 摆头；6—B 摆头；7—刀具

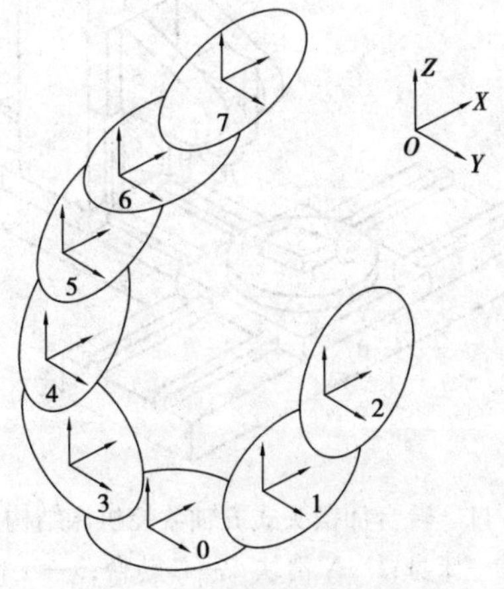

图 2.10 双摆头式五轴数控机床拓扑结构图

表 2.5　双摆头式五轴数控机床低序体阵列

典型体(j)	1	2	3	4	5	6	7
$L^0(j)$	1	2	3	4	5	6	7
$L^1(j)$	0	1	0	3	4	5	6
$L^2(j)$	0	0	0	0	3	4	5
$L^3(j)$	0	0	0	0	0	3	4
$L^4(j)$	0	0	0	0	0	0	3
$L^5(j)$	0	0	0	0	0	0	0

该机床的工件链分支的坐标变换矩阵分别为 T_{01}、T_{12}，刀具链分支的运动变换矩阵分别为 T_{03}、T_{34}、T_{45}、T_{56}、T_{67}，存在误差的情况下各分支的误差变换矩阵分别为 ΔT_{01}、ΔT_{12} 和 ΔT_{03}、ΔT_{34}、ΔT_{56}、ΔT_{67}。同理可得双摆头式五轴数控机床的空间误差变换矩阵 ${}^{E}T_{27}$ 为

$$
\begin{aligned}
{}^{E}T_{27} &= T_{27} \cdot \Delta T_{27} = T_{20} \cdot T_{07} \cdot (\Delta T_{20} \cdot \Delta T_{07}) \\
&= (T_{01} \cdot T_{12})^{-1} \cdot (T_{03} \cdot T_{34} \cdot T_{45} \cdot T_{56} \cdot T_{67}) \cdot (\Delta T_{01} \cdot \Delta T_{12})^{-1} \cdot (\Delta T_{03} \cdot \Delta T_{34} \cdot \Delta T_{45} \cdot \Delta T_{56} \cdot \Delta T_{67})
\end{aligned}
\tag{2.9}
$$

本书研究对象机床中(表 2.3)前 6 台机床属于双摆头式结构，在进行该误差建模时可以利用式(2.9)的误差模型进行机床误差的分析。

2.5.3　转台加摆头式五轴数控机床误差模型

如图 2.11 所示为转台加摆头式五轴数控机床的结构模型图，如图 2.12 所示为其拓扑结构图，表 2.6 为其相邻多序体阵列表。

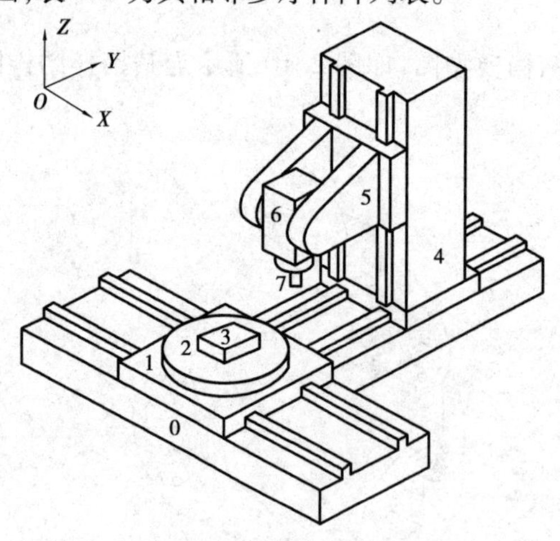

图 2.11　转台加摆头式五轴数控机床结构示意图
0—床身；1—X 滑块；2—C 转台；3—工件；
4—Y 滑块；5—Z 滑块；6—A 摆头；7—刀具

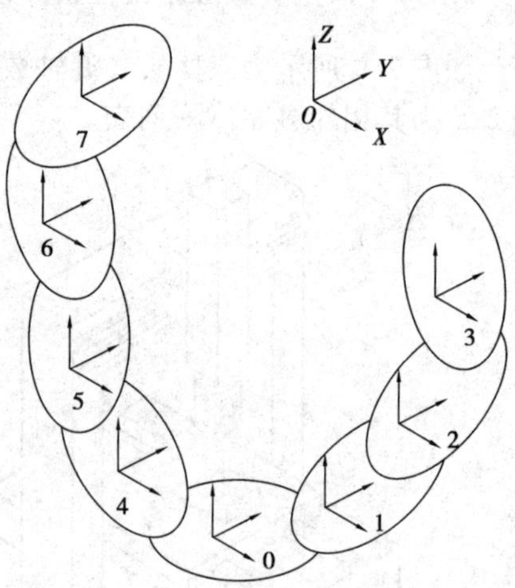

图 2.12　转台加摆头式五轴机床拓扑结构图

表 2.6 转台加摆头式五轴数控机床低序体阵列

典型体(j)	1	2	3	4	5	6	7
$L^0(j)$	1	2	3	4	5	6	7
$L^1(j)$	0	1	2	0	4	5	6
$L^2(j)$	0	0	1	0	0	4	5
$L^3(j)$	0	0	0	0	0	0	4
$L^4(j)$	0	0	0	0	0	0	0
$L^5(j)$	0	0	0	0	0	0	0

本书研究对象机床中(表 2.3)第 7、8 台机床属于双摆头式结构,在进行该误差建模时可以利用式(2.10)的误差模型进行机床误差的分析。

2.6 总体研究目标及关键技术

本书主要对飞机结构件加工示范应用中的国产高档数控机床进行精度测评研究,要完成的主要研究目标如下:

①研究数控机床精度全面检测及现场测评技术,制订数控机床精度全面检测及现场测评技术流程及规范。

②开发数控机床精度全面检测及其现场测评软件模块,完成对数控机床的精度测评,以及与国外同型机床精度的对比分析。

根据课题的主要研究内容和研究目标,五轴数控机床的精度测评的框架结构如图 2.13 所示。通过对影响机床精度的因素进行分析得到机床精度测试指标集,根据所设计的精度指标

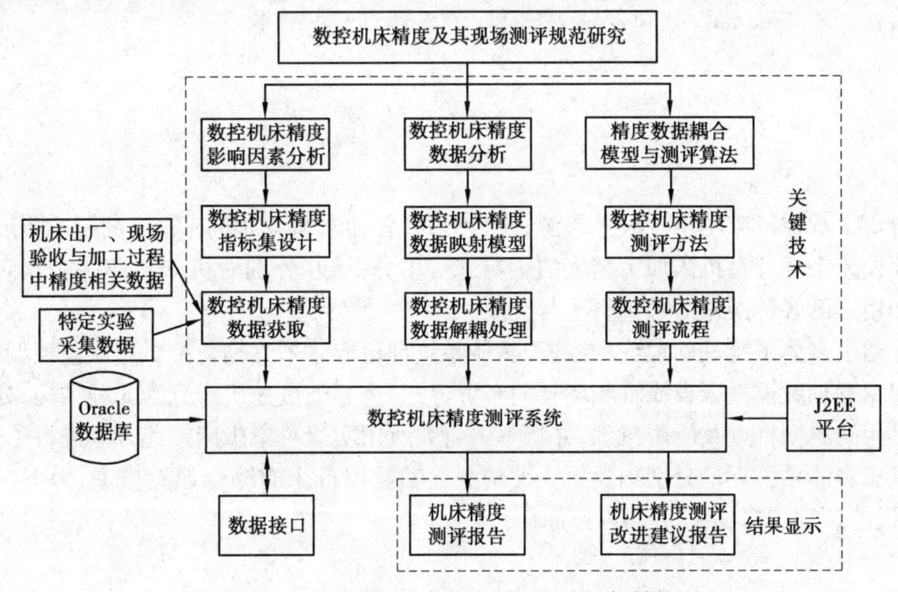

图 2.13 五轴数控机床精度测评系统框架结构图

集进行机床精度的检测。对获取的精度数据进行分析,建立精度数据映射模型,进行精度数据解耦处理。根据所建立的机床精度评价体系推导机床精度测评算法与测评流程。上述关键技术研究及相关数据库用于支撑数控机床精度测评系统,机床精度测评结果以报告的形式进行显示,用于指导用户了解所测评机床目前的精度状况。

如图 2.14 所示,基于数控机床精度测评及现场测评的关键技术主要包含 3 大关键技术:精度数据获取技术、精度数据分析技术和精度数据测评技术。其中精度数据获取技术又分为:①数控机床精度指标集的设计;②数控机床几何误差、位置误差和热误差的检测技术;③基于机器视觉的机床定位精度检测技术;④时间、温度轴复合的空间误差检测;⑤基于特征件在线测量的机床精度逆向辨识。精度数据分析技术分为:①机床精度数据量化归一处理;②机床精度数据解耦与映射技术;③基于动态特性的机床动态精度分析技术;④机床精度溯源技术研究。机床精度测评技术分为:①机床精度测评算法与测评流程结构研究;②基于机床现场运动状态的精度测评方法;③机床精度测评规范研究;④机床精度测评软件模块开发。

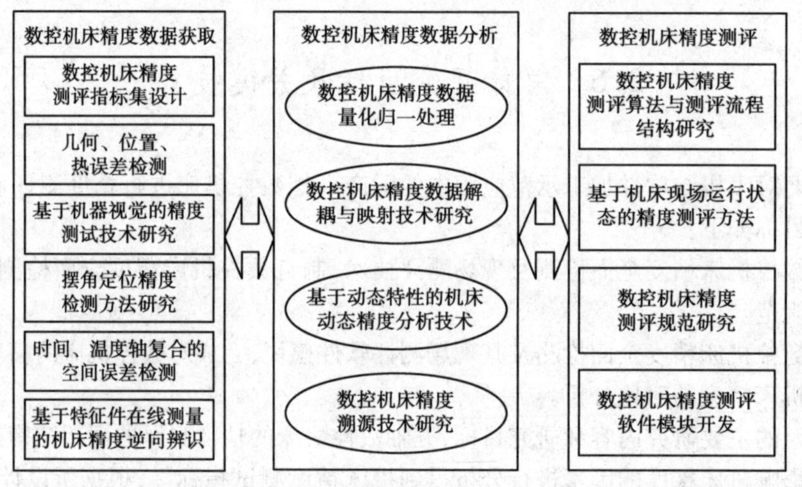

图 2.14 数控机床精度测评的关键技术

2.7 本章小结

①分析了数控机床的主要误差来源、误差形式,各种误差源对机床精度的影响程度。对机床的主要误差来源及对机床加工精度的影响进行了分析,并分别对机床各部件在几何误差和热误差作用下的各种误差形式进行了分类。

②介绍了多体系统基础理论,并基于多体系统理论构建了五轴数控机床误差模型。

③根据五轴数控机床直线轴与旋转的布置方式,将五轴数控机床分为 3 种结构,分别介绍了 3 种结构的典型特点及应用范围,并将本书研究所用实验对象机床按此方法进行了分类。

④基于多体系统理论分别构建了 3 种构型五轴数控机床的综合误差模型,为下一步的误差检测、误差预测和精度评价奠定了基础。

3 五轴数控机床旋转定位误差的非接触检测方法

五轴数控机床比三轴数控机床增加了两个旋转轴，由此，机床加工的灵活性大大增强，材料切除率和工件的表面质量得到极大的提高。五轴数控机床具有许多普通机床无法比拟的优点，但是其加工精度却往往低于普通机床，主要原因在于增加的两个旋转轴缺少精度标定及误差补偿的方法，旋转轴的误差成为五轴数控机床准静态误差和动态误差的主要来源。对五轴数控机床旋转轴进行精度标定及误差补偿是提高机床旋转精度的关键问题。传统三轴数控机床各项误差元素的检测技术已经较为成熟，而五轴数控机床旋转轴的检测技术尚无统一标准。目前国内外研究人员在机床旋转轴误差检测方面作了大量研究。而现有的检测方法仍存在一定的局限性：首先，采用的检测仪器主要有专用激光干涉仪、球杆仪及正 12 面或 24 面多棱镜及自准直仪。激光干涉仪检测，方便快捷，但价格比较昂贵；球杆仪检测，价格低廉，但检测路径的计算条件及计算过程复杂；正 12 面或 24 面多棱镜及自准直仪检测，则需要制作特定的工装，检测过程烦琐，检测效率较低。其次，旋转轴与平动轴联动测量时，测试过程中加入了平动轴的几何和运动误差，需对检测结果进行误差分离处理，辨识过程计算较复杂。此外，现有方法主要针对工作台回转式五轴数控机床检测，而对主轴头回转式和主轴头与工作台双回转式五轴数控机床回转轴的精度检测还很少见。

本章提出一种利用机器视觉技术的非接触测量优点，快速、高效检测机床旋转轴误差的检测方法，该方法利用 CCD 摄像机获取机床旋转轴在不同位置的图像，采用数字图像处理技术，计算分析机床旋转轴转角定位误差，再将该方法与传统检测方法进行对比来验证该方法的有效性。

3.1 机器视觉检测技术

机器视觉检测系统是采用 CCD 照相机将被检测的目标转换成图像信号，传送给专用的图像处理系统，根据像素分布和亮度、颜色等信息，转变成数字化信号，图像处理系统对这些信号进行各种运算来抽取目标的特征，如面积、数量、位置、长度，再根据预设的允许度和其他条件输出结果，包括尺寸、角度、个数、合格/不合格、有/无等，实现自动识别功能。机器视觉检测系统主要用于一些不适合人工作业的危险工作环境或人工视觉难以满足要求的场合及一些大批量的生产和检测过程中。由于机器视觉系统可以快速获取大量信息，而且易于自动处理，也易于同设计信息以及加工控制信息集成，因此，机器视觉系统在现代自动化生产和农业生产等领域得到了广泛的应用。如 J. Merlet 等将机器视觉技术应用于部件的装配。Du-Mint Tsai 等将机器视觉技术和神经网络技术相结合，实现了对机械零件表面粗糙度的非接触测量。C. Bradley 利用机器视觉技术对刀具的表面质量进行分析。Eladawi A. E. 利用机器视觉技术采集两轴立式数控铣床加工过程中工件的图像，并利用图像处理软件对采集的图像进行分析和处理来生成适合的数控加工程序，包括加工程序中如 G 代码、*X* 和 *Y* 轴的起始点和结束点坐标、圆弧和圆的半径及方向等信息。

3.2 图像处理方法

3.2.1 边缘提取算法

图像的边缘是图像最基本的特征之一，边缘处的图像集中了图像的大部分信息，对整个图像场景的识别和理解非常重要，同时也是图像分割所依赖的重要特征。边缘检测的效果将直接影响图像的分析、识别和理解，在对图像进行处理时常需对其边缘信息进行提取。经典的边缘提取算法有差分边缘提取算法、Roberts 边缘提取算法、Sobel 边缘提取算法、Prewitt 边缘提取算法、Kirsch 边缘提取算法、零交叉边缘提取算法等。随着图像处理研究技术的发展，一些新的边缘提取算法如 Canny 边缘提取算法、小波边缘提取算法、广义模糊算法、结合误差图像的边缘提取算法、形态学边缘提取算法等也在不同领域得到了应用。其中 Canny 算法是以待处理像素为中心的邻域作为进行灰度分析的基础，实现对图像边缘的提取，该方法误差码率低、定位精度高，且能抑制虚假边缘，得到了广泛应用。

3.2.2 去噪技术

数字图像在获取和传输过程中受到各种因素的影响会携带部分噪声，噪声对图像的处理带来很大的干扰，在对图像进行处理之前根据需要通常要进行去噪处理。

传统的图像去噪方法分为空间域滤波法、频域滤波法和最优线性滤波法。近年来，随着小波变换方法在信号与图像处理中的应用，不仅扩展了小波变换的应用范围，也为信号与图像处理中的去噪方法提供了方便的工具。与小波变换类似的去噪方法还有多尺度图像去噪法，该方法包括具有更好去噪性能的细致的方向参量，能够获得更好的去噪性能。与现代图像处理方法不同的偏微分方程法能够根据图像中某些像素点局部邻域的信息来判断该像素点的特征，再选择合适的处理方式。

3.2.3 最小二乘法椭圆拟合

椭圆拟合是较常用的椭圆拟合方法，具体的方法大致可分为霍夫变换法、代数距离法、几何距离法和最小二乘法，其中应用较多的是最小二乘法。最小二乘法的基本原理是先假设椭圆参数，当椭圆上轮廓上的测量点数大于 5 时，得到每个待拟合点到该椭圆的距离之和，并求出最小距离之和对应的椭圆参数。最小二乘法是一种近似线性拟合过程，计算速度快、精度高。基本方法是：

如假设一般形式的椭圆方程为

$$x^2 + Axy + By^2 + Cx + Dy + E = 0 \tag{3.1}$$

设 $P_i(x_i,y_i)(i=1,2,\cdots,N)$ 为椭圆轮廓上的 $N(N\geqslant 5)$ 个测量点，根据最小二乘原理，求目标函数为

$$f(A,B,C,D,E) = \min\sum_{i=1}^{n}(x_i^2 + Ax_iy_i + By_i^2 + Cx_i + Dy_i + E)^2 \tag{3.2}$$

通过确定式(3.2)中的各个系数，由此得出所拟合的椭圆。

3.2.4　支持向量机

支持向量机(Support Vector Machine, SVM)是 Corinna Cortes 和 Vapnik 等 1995 年首先提出的，它通过一个非线性映射模型将数据映射到一个更高维的空间里，在这个空间里建立一个最大间隔超平面，即最优超平面(图 3.1)以提高算法的预测能力，降低分类的错误率。它具有小样本学习、泛化能力强等优点，并能有效地避免传统识别方法存在的过学习、局部极小点以及"维数空难"等问题。支持向量机以其自身的优势在图像处理、模式识别、医学研究、工业工程等方面得到了广泛应用。

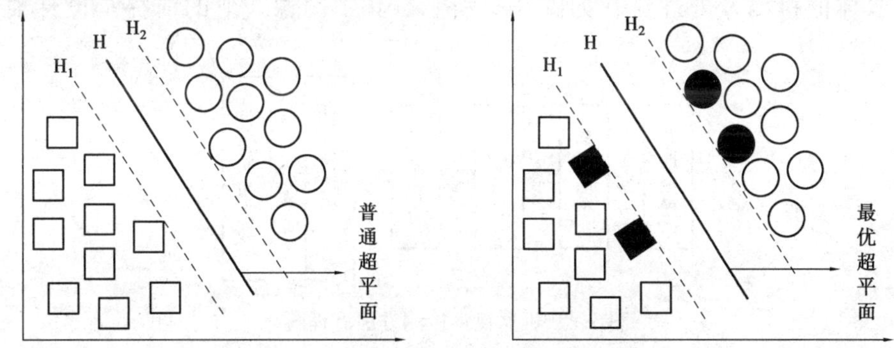

图 3.1　普通超平面和最优超平面

假设对给定的可分类的训练样本 (x_i,y_i)，$x\in R^d$，d 为特征变量数，$y\in R$，$i=1,2,\cdots,n$，回归的目标就是求下面的回归函数：

$$f(x) = w\cdot x + b$$

求解以下优化条件问题：

$$\begin{aligned}&\min\frac{1}{2}w\cdot w + c\sum_{i=1}^{n}(\xi_i + \xi_i^*)\\ &\text{s.t}\quad y_i - w\cdot w + b \leqslant \varepsilon + \xi_i\\ &\qquad w\cdot x_i - y_i + b \leqslant \varepsilon + \xi_i^*\end{aligned} \tag{3.3}$$

其中，$w\cdot x$ 是 w 和 x 的内积，$c>0$(惩罚因子)，ε 用于控制回归逼近误差管道的大小。把上述优化问题转化为与其相应的对偶问题，并引进核函数方法，可把式(3.3)转化为求解下面约束问题的最大值：

$$\begin{aligned}&Q = \sum_{i=1}^{n}y_i(a_i - a_i^*) - \varepsilon\sum_{i=1}^{n}(a_i + a_i^*) - \frac{1}{2}\sum_{\substack{i=1\\j=1}}^{n}(a_i - a_i^*)(a_j - a_j^*)K(x_i,x_j)\\ &\text{s.t}\quad \sum_{i=1}^{n}(a_i - a_i^*) = 0,\ 0\leqslant a_i\leqslant c,\ i = 1,2,\cdots,n\end{aligned} \tag{3.4}$$

$$0 \leqslant a_i^* \leqslant c, i = 1,2,\cdots,n$$

考虑稳定性，b 求解采用支持向量的平均值，即

$$b = \text{average}\left\{\delta_k + y_k - \sum_{i=1}^{n}(a_i - a_i^*) \cdot K(x_i - x_k)\right\} \tag{3.5}$$

其中，$\delta_k = \varepsilon \cdot \text{sgn}(a_k - a_k^*)$

由此可以得到目标函数的回归方程为

$$f(x) = \sum_{i=1}^{n}(a_i - a_i^*) \cdot K(x, x_i) + b \tag{3.6}$$

3.3 机器视觉检测流程

本书提出的采用机器视觉进行机床旋转轴定位精度检测的方法由图像的获取、图像的处理及分析两个步骤完成。图像的获取包括检测标志的制作与固定、相机和光源的安装等；图像的处理包括对图像边缘的提取、圆心位置的确定及图像在不同旋转角度下的相对角度变化的计算等。具体的检测及处理流程如图 3.2 所示。其中图像获取的前提是设计要拍摄的标志。

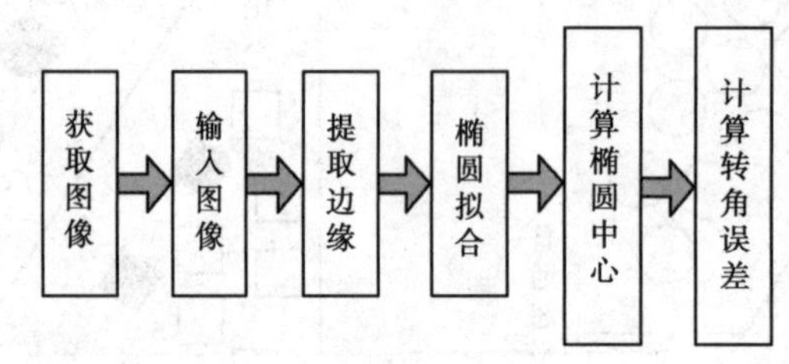

图 3.2　机器视觉检测方法流程图

3.3.1　标志设计

由于机床旋转轴与周围部件的颜色差别很小，如果直接利用相机对旋转轴上特定部位进行拍摄，则获取的图像中标志点与图像背景的对比度不高，不利于图像的后期处理。因此，在利用机器视觉进行检测时，需要根据机床旋转轴的特点制作具有代表性的标志固定于机床旋转轴上，随着机床旋转轴的旋转，圆形标志在旋转平面发生转动，利用同一个标志在不同图像中旋转的相对角度差来计算机床旋转轴转动的转角误差。

3.3.2　不同构型机床检测方法

如图 3.3 和图 3.4 所示为双转台式和转台加摆头式五轴数控机床旋转轴定位误差检测方法示意图。双转台式机床（图 3.3）旋转轴 A 轴检测时将检测用的标志固定在与回转工作台垂直的工装上，标志所在平面与回转工作台垂直，相机与 A 轴回转轴线平行放置，获取标志从 0°到 90°每转一定角度时的图像。旋转轴 C 轴检测时将标志固定在回转工作台上或固定在与回转工作台平行的工装上，相机与回转工作台轴线平行放置，获得标志从 0°到 360°每转一定角度时的图像。转台加摆头式机床（图 3.4）旋转轴 B 轴检测时将标志固定于 B 轴上，标志所在平面与 C 轴回转工作台垂直，相机与 B 轴回转轴线垂直放置，获取 B 轴旋转摆头上的标志从

0°到 90°每转一定角度时的图像。旋转轴 C 轴的检测方法与图 3.3 所示方法相同。双摆头式机床旋转轴定位误差的检测方法与图 3.4 中 B 轴的检测方法相同，这种构型机床的旋转轴定位误差检测，需要注意标志的选择、固定及相机位置的放置等问题。

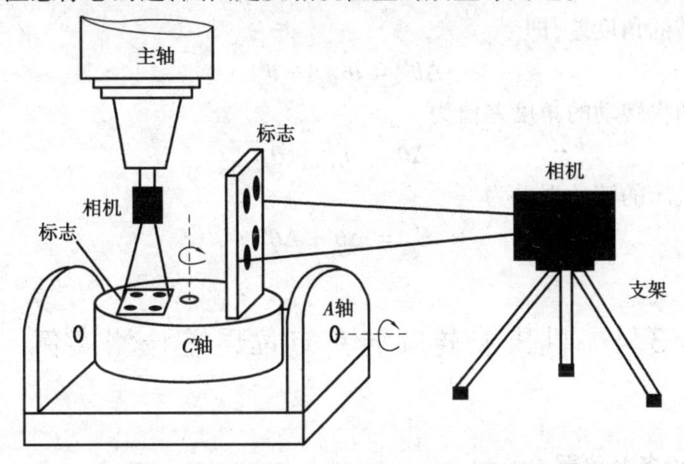

图 3.3　双转台式五轴数控机床 AC 旋转轴误差检测示意图

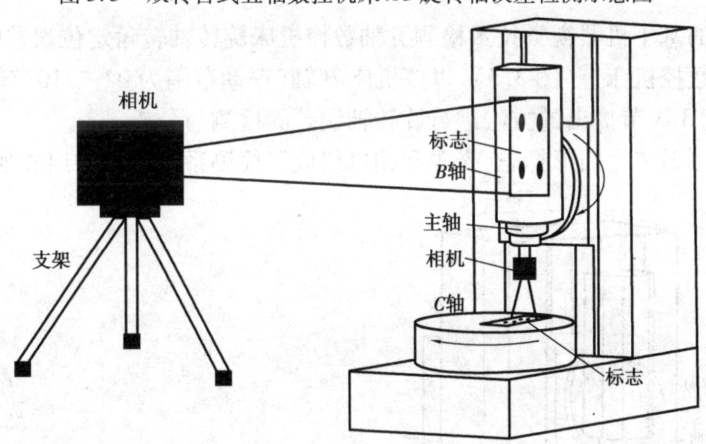

图 3.4　转台加摆头式五轴数控机床 BC 旋转轴误差检测示意图

3.3.3　图像获取和图像处理

机床旋转轴旋转一定的角度，用相机拍摄机床旋转轴上的标志在不同位置的图像，并对图像进行标记以利于后续的处理和分析。

(1) 图像边缘提取

在透视相机模型下，获取的圆形图像实际是椭圆，需要对椭圆的边界进行检测，经过边缘检测和阈值处理后，得到椭圆边缘的二值图像。本书利用 Canny 算子对所获得的图像进行图像边缘像素位置信息的提取。

(2) 最小二乘椭圆拟合中心

在对图像的边缘点进行提取后，为了精确地定出圆心的位置，需对图像的边缘点进行拟合。本书根据最小二乘原理（残差平方和最小）用椭圆来拟合圆轮廓并找出椭圆中心。

3.3.4　计算偏转角度误差

由椭圆拟合定出各同心圆的中心点后，利用图像中不同位置的标志对应点连线斜率的变化来计算两次旋转的角度差，即

$$\Delta\theta' = \theta'_{i+1} - \theta'_{i} \tag{3.7}$$

机床理论上两次转动的角度差值为

$$\Delta\theta = \theta_{i+1} - \theta_{i} \tag{3.8}$$

对比计算得机床的转角误差为

$$E_{\theta} = \Delta\theta - \Delta\theta' \tag{3.9}$$

3.4　机床旋转轴转角定位误差检测实例

3.4.1　实验设备及仪器

将本书提出的基于机器视觉技术检测五轴数控机床旋转轴转角定位误差的方法应用于转台加摆头式五轴数控机床上（图3.5），以该机床 B 轴（摆动范围为0°～110°）转角定位精度检测为例，按照本章3.3节提出的方法进行旋转轴误差的检测与分析。

机器视觉检测系统由圆形标志、光源和相机组成。检测系统的硬件组成如图3.6所示。

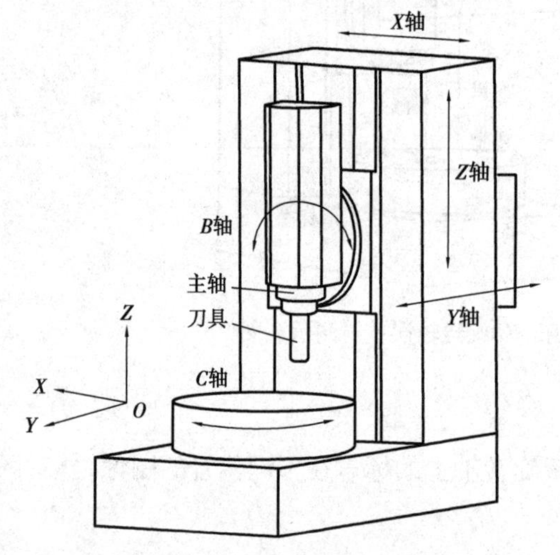

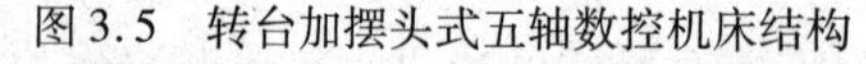
图3.5　转台加摆头式五轴数控机床结构

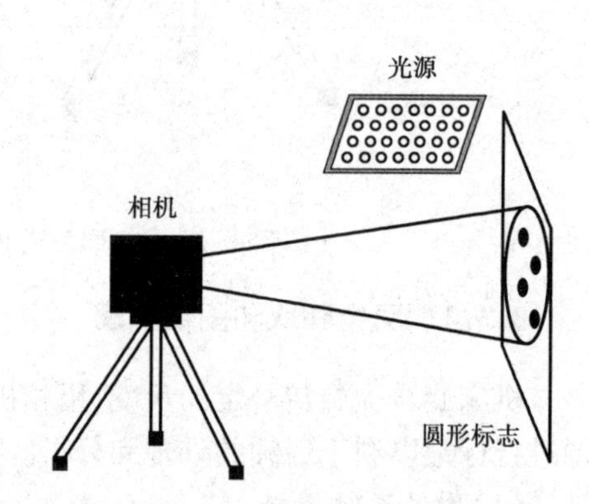

图3.6　机器视觉检测系统

其中数码相机（1 000万像素）所制作的圆形标志（部分）及标志的尺寸（单位：mm）如图3.7所示。光源可以根据现场的条件进行选择，本实验中现场光照条件比较好，未利用光源。

3.4.2　图像获取过程

①将所制作的标志（图3.7）固定于机床旋转轴上，尽量保持标志面平整。

②安装好相机和光源，调整相机的位置和焦距，保证标志在相机的成像区域内。

③机床旋转轴顺时针和逆时针转动不同的角度，当机床摆头转动到规定的角度时，摆头停止转动，相机拍摄此时机床旋转轴上的标志图片，并保存图片用于后续处理和分析。本实验采集了机床旋转轴从 0°转动到 90°的图像，每隔 10°拍摄一次图片，共采集到 10 张有效图片。

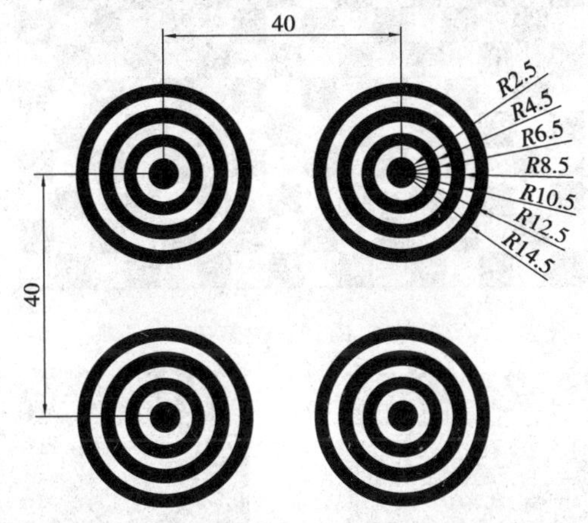

图 3.7　检测所用的标志（部分）

3.4.3　图像处理过程

（1）标志图像边缘提取

本书以对机床 B 轴在 0°和 10°位置处的图像为例进行分析说明，其他角度的图像处理方法与此相同。如图 3.8 和图 3.9 所示分别为实验对象机床 B 轴在 0°和 10°位置处所拍摄的现场图像，在对图像进行处理前已利用如图 3.10 所示标定图像对相机进行标定。图 3.8 和图 3.9 中所有的同心圆都应进行计算和处理，为了更清晰地显示图中的内容，本书及后续的图像处理介绍仅以图 3.8 和图 3.9 中大圆圈内的 4 组同心圆为例进行介绍。

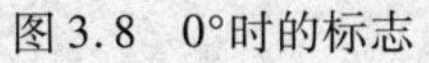

图 3.8　0°时的标志

图 3.9　10°时的标志

利用 Matlab 自带的边缘提取函数对获得的图像（图 3.8 和图 3.9）进行边缘信息提取，提取边缘后的图像如图 3.11 和图 3.12 所示。从图中可以看出由原始图像中提取的边缘点组成的图形并不是光滑的圆，而是有一些断点和散点，为了精确地求出圆心的位置需对这些边缘点进行椭圆拟合。

图 3.10　标定图像

图 3.11　提取图形边缘(0°)

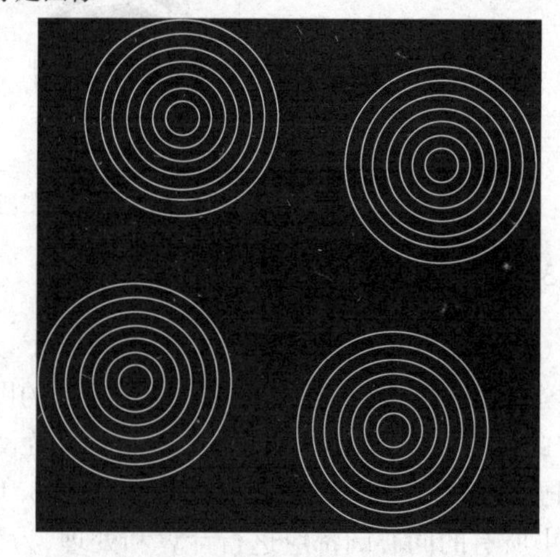

图 3.12　提取图形边缘(10°)

(2)椭圆拟合求圆心位置

根据最小二乘椭圆拟合算法对提取的边缘图像(图 3.11 和图 3.12)进行椭圆拟合,拟合后的图像如图 3.13 和图 3.14 所示。图中线条为拟合后的椭圆,从图中仍可以看到一些白色的散点,这些散点是从原始图像提取出的边缘点中未被拟合的点。

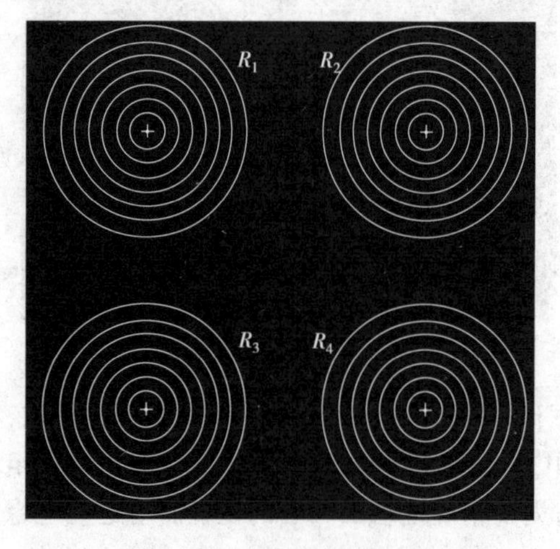

图 3.13　椭圆拟合(0°)

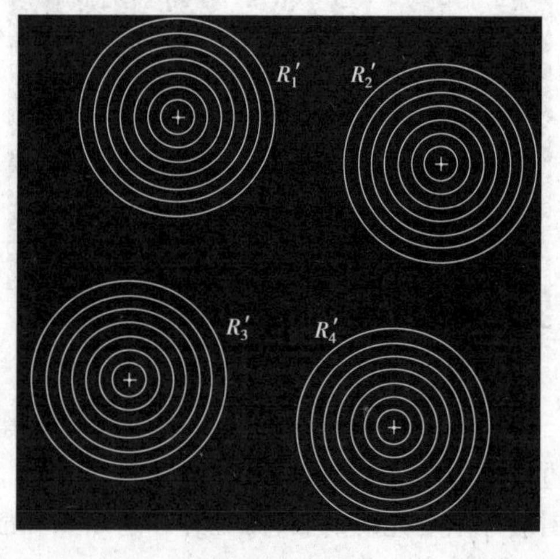

图 3.14　椭圆拟合(10°)

由拟合后的椭圆分别求出标志在0°和10°处各组同心圆的圆心 R_1、R_2、R_3、R_4 和 R'_1、R'_2、R'_3、R'_4的位置。标志在0°和10°处各组圆心点的变化如图3.15所示。

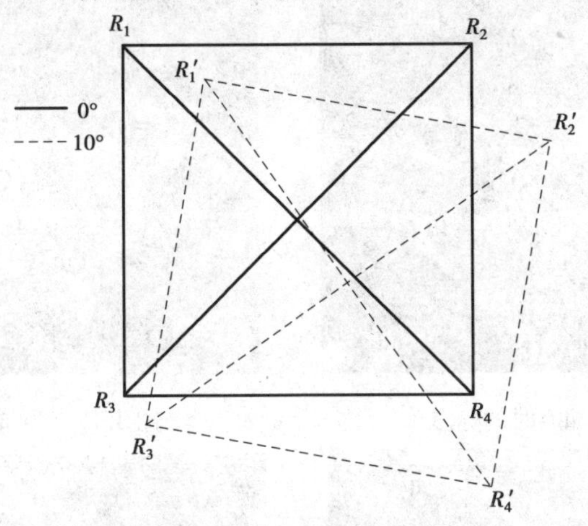

图3.15 图像处理结果

(3)转角定位误差计算

由图3.15可知,理论上连接各圆心的6条直线 R_1R_2、R_1R_3、R_1R_4、R_2R_3、R_2R_4、R_3R_4 在0°和10°位置处的相对角度差为10°,由于装配、震动、热变形等因素影响,机床旋转轴在实际转动过程中与理论值之间存在偏差,因此,机床旋转轴在实际转动后所采集的标志图像与理论上旋转后应转动的位置之间必然存在偏差,该偏差主要由机床旋转轴的转角定位误差引起。根据各条直线旋转前后斜率的变化计算旋转的角度,并与机床旋转轴理论转动的角度相比较即可得出转角定位误差,取各条直线旋转前后的误差平均值为机床旋转轴的旋转误差。

3.5 检测结果分析

如图3.16—图3.23所示为利用机器视觉方法获取的20°~90°的标志图像。

图3.16 20°时的标志

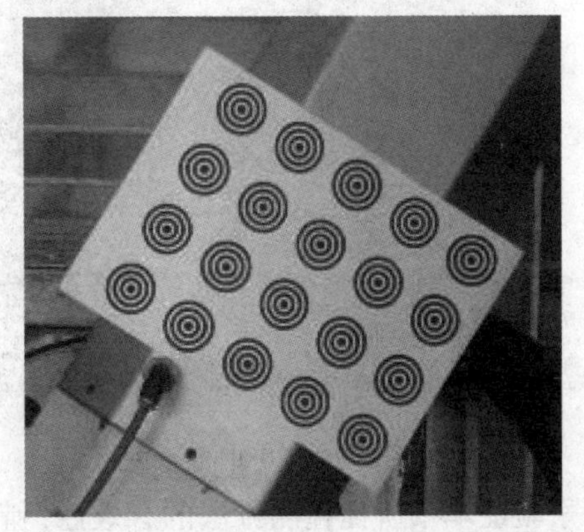

图3.17 30°时的标志

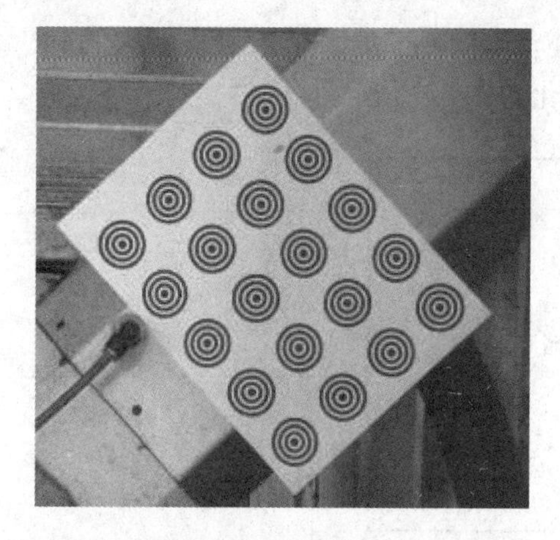

图 3.18　40°时的标志

图 3.19　50°时的标志

图 3.20　60°时的标志

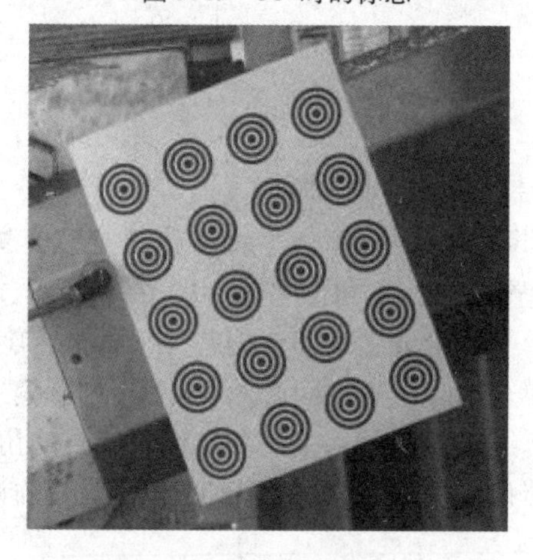

图 3.21　70°时的标志

图 3.22　80°时的标志

图 3.23　90°时的标志

为了验证本书所提检测方法的有效性，利用多面棱体与自准直仪相结合的方法对机床旋转轴 B 轴 0°到 90°转角定位精度进行检测，两种方法的检测结果对比如图 3.24 所示。

由图 3.24 可知，两种方法的检测结果比较接近，其残差最小值为 2.8″，残差平均值为 3.87″。与利用多面棱体方法相比，本书提出的旋转轴误差检测方法检测原理与检测过程更简单、检测效率更高，且对检测设备及检测条件的要求不高。

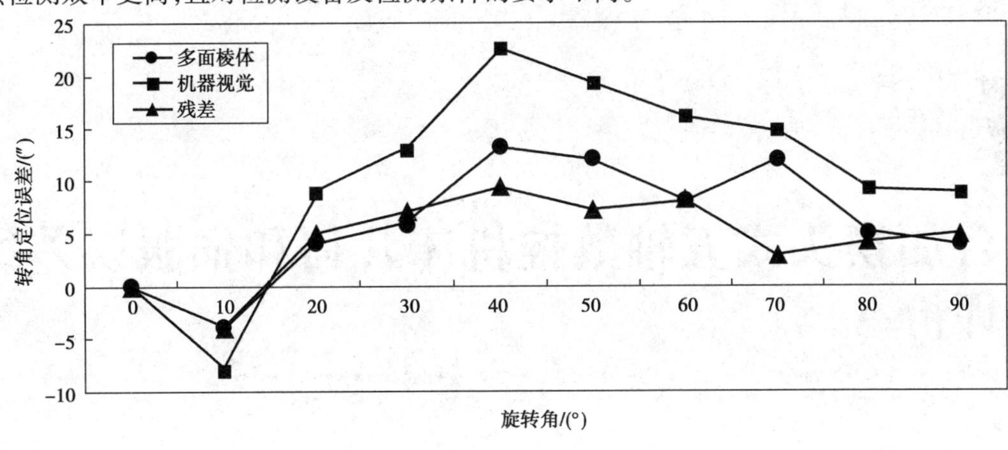

图3.24　检测结果

3.6　本章小结

①提出了五轴数控机床旋转定位误差的非接触式检测方法。根据不同构型五轴数控机床旋转轴的结构特点，利用机器视觉技术采集旋转轴在不同位置处的标志图像，然后采用图像处理技术对获取的图像进行转角定位误差计算。

②通过实验验证与传统检测方法进行对比分析，两种方法的检测结果比较接近，其残差最小值为2.8″，残差平均值为3.87″。

③通过实验对比，结果表明，本书提出的旋转轴误差检测方法检测原理与检测过程更简单、检测效率更高，且对检测设备及检测条件的要求不高。所提检测方法的关键问题是图像的处理与分析，对获取的图像可通过编制相关图像处理程序并进行分析处理即可获得机床转角的定位误差，无须进行人工记录与分析计算，易于实现模块化集成。

④由于相机是在机床旋转轴旋转一定角度并固定后进行图像获取的，同时由于标志的初始位置不是绝对的0°，因此，计算得到的转角定位误差是相对误差，而不是摆头在实际各个位置处的绝对误差。

⑤相机成像区域大小、机床旋转轴最大旋转范围及标志尺寸大小三者之间存在一定的关系，即如何保证在相机成像区域固定的条件下，用一定尺寸的标志进行机床旋转轴最大旋转范围的误差检测，是下一步需要研究的工作内容之一。

4

转台加摆头式五轴数控机床几何和伺服误差综合评价

目前，五轴数控机床已被广泛应用于航空航天、汽车、轮船及模具等行业复杂曲面零件的生产加工。五轴数控机床比三轴数控机床增加了两个旋转轴，其在加工灵活性、材料切除率和工件表面质量方面具有许多普通机床无法比拟的优点。由于许多复杂度高、精度要求高的零件的加工需要机床多轴联动来完成，机床各轴之间的动态误差成为影响复杂零件精度的重要原因，尤其在高速切削加工中，某些机床的动态误差甚至高达几百微米，因此需对机床的多轴联动误差进行检测。Mir 等利用球杆仪模拟检测了五轴数控机床联合运动误差和连接误差。Zargarbashi 和 Mayer 提出了一种基于球杆仪检测五轴数控机床运动误差的方法，可分别沿旋转轴轴线方向、径向方向和切向方向检测各轴的运动误差。W. T. Lei 针对双转台式五轴数控机床，利用球杆仪通过设定特殊的测量路径对 *AC* 旋转轴的联动精度进行了测量。国内的张大卫等提出了一种立式高速精密五轴加工中心转动轴 *C* 轴误差元素的球杆仪检测方法。刘飞等设计了一种利用球杆仪进行回转轴几何运动误差测量的方法，解决了部分回转轴无法安装标准棒而难于检测误差的问题。上述误差检测方法均取得了一定效果，但未对影响机床精度的误差源进行识别，并对其影响程度进行定量或定性分析，不能为后续机床误差的补偿提供计算依据。

机床的误差主要受准静态误差和动态误差的影响，其中准静态误差主要由机床各组成部件的几何形状、表面质量、相互之间的位置误差及热误差等误差引起；动态误差主要包括主轴运动误差、机床振动、伺服控制误差等。

本章针对五轴数控机床精度综合评价分析的需要，提出了一种对机床几何误差和伺服误差进行综合评价的方法。首先通过对机床运动误差的分析，建立几何误差与伺服误差影响下的机床空间误差评价模型；其次利用球杆仪对高速五轴数控机床 *XYC* 轴联动圆度误差进行检测，计算机床的几何误差及各轴的伺服误差，并利用所建误差模型对机床空间误差进行预测，分析机床运动过程中几何误差和伺服动态误差对机床总误差的影响程度；最后通过球杆仪检测的圆轨迹图对分析结果进行验证。

4.1　机床运动误差模型

4.1.1　五轴数控机床的结构

以转台加摆头式五轴数控机床(其基本结构见图3.5)为研究对象,进行相应的误差检测实验。该机床有3个线性轴和两个转动轴,机床采用模块化结构设计,工作台为连续分度的回转工作台(C轴:0°~360°)、主轴头为连续分度摆动头(B轴:0°~110°),可实现任意五轴加工。机床的回转工作台(C轴)安装在床身上,其余各运动轴均安装在立柱上,X导轨左右水平移动,Y导轨前后移动,Z导轨上下移动,B轴安装在Y向溜板上,绕Y向轴线摆动,工件安装在回转工作台(C轴)上。

4.1.2　几何误差定义

运动学原理表明,一个物体在空间共有6个自由度(3个平移自由度和3个旋转自由度)。对于机床来说,每个移动副和转动副都有6项空间误差,即3个线性位移误差和3个转角位移误差。

以X轴为例,与其相关的6项误差如图4.1所示。三轴机床主要包括21项几何误差,如每个坐标轴的定位误差、直线度误差、俯仰误差、偏摆误差、滚动误差及3个坐标轴间的垂直度误差。

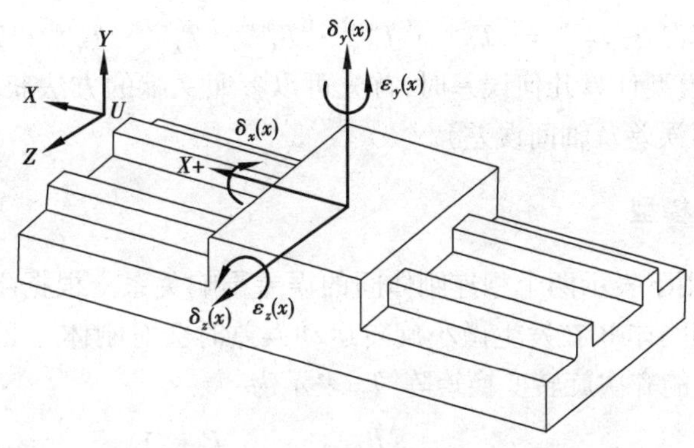

图4.1　X轴的6项运动误差

4.1.3　几何误差模型

本书使用齐次坐标变换法推导几何误差模型。首先建立机床各运动轴的坐标系,其次根据多体系统理论建立各轴之间的运动关系。五轴数控机床的拓扑结构及各运动副的坐标系如图4.2所示,使用4×4的齐次矩阵建立各运动副之间的误差变换关系。

在实际加工过程中,各运动副的运动误差将导致机床的实际刀尖点与所加工工件理论切削点在空间发生偏离,此时刀尖点在工件坐标系中的实际位置相当于在理想运动的基础上叠加一个误差运动矩阵,即

$$^{W}T_{T} = {}^{W}T_{t}^{ideal} \cdot {}^{W}E_{T} \tag{4.1}$$

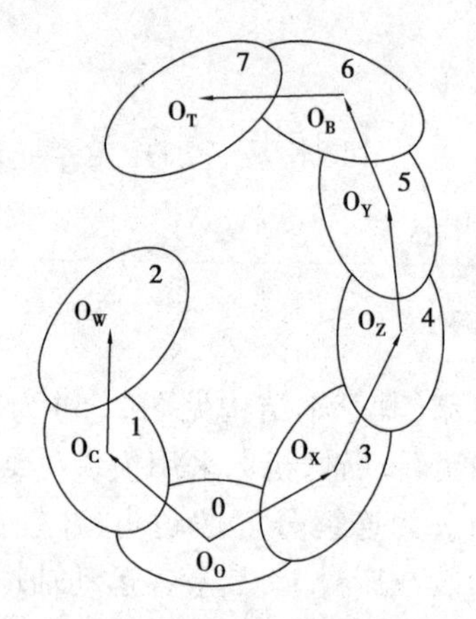

图 4.2　五轴数控机床拓扑结构图
0—机床床身;1—C 轴;2—工件;3—X 轴;
4—Z 轴;5—Y 轴;6—B 轴;7—刀具

其中,${}^{W}T_{T}$(4×4 齐次矩阵)为实际加工过程中刀具坐标系相对于工件坐标系的变换矩阵;${}^{W}T_{T}^{ideal}$(4×4 齐次矩阵)为理想状态下刀具坐标系相对于工件坐标系的变换矩阵;${}^{W}E_{T}$(4×4 齐次矩阵)为实际加工过程中刀具坐标系相对于工件坐标系的误差运动矩阵,故误差运动矩阵为

$$ {}^{W}E_{T} = ({}^{W}T_{T}^{ideal})^{-1} \cdot {}^{W}T_{T} \tag{4.2} $$

其中,

$$ {}^{W}T_{T} = {}^{W}T_{O} \cdot {}^{O}T_{C} = {}^{W}T_{C} \cdot {}^{C}T_{O} \cdot {}^{O}T_{X} \cdot {}^{X}T_{Z} \cdot {}^{Z}T_{Y} \cdot {}^{Y}T_{B} \cdot {}^{B}T_{T} \tag{4.3} $$

$$ {}^{W}T_{T}^{ideal} = {}^{W}T_{O}^{ideal} \cdot {}^{O}T_{T}^{ideal} = {}^{W}T_{C}^{ideal} \cdot {}^{C}T_{O}^{ideal} \cdot {}^{O}T_{X}^{ideal} \cdot {}^{X}T_{Z}^{ideal} \cdot {}^{Z}T_{Y}^{ideal} \cdot {}^{Y}T_{B}^{ideal} \cdot {}^{B}T_{T}^{ideal} \tag{4.4} $$

本书在利用所建模型计算几何误差时,首先可以参照文献的方法获取模型中各变换矩阵的参数(如各轴的几何误差及轴间误差)。

4.1.4　伺服误差模型

旋转变换矩阵可用于表示两个相连刚体间的误差影响关系。根据刚体假设理论,若刚体 A 与刚体 B 相连接,则刚体 B 在发生微小旋转运动误差时会对刚体 A 的位置产生影响,其影响关系可用一个 4×4 的齐次旋转变换矩阵${}^{A}T_{B}$ 表示为

$$ {}^{A}T_{B} = \begin{bmatrix} & {}^{A}R_{B3\times3} & & {}^{A}P_{B3\times1} \\ 0 & 0 & 0 & 1 \end{bmatrix} \tag{4.5} $$

其中,${}^{A}R_{B3\times3}$表示旋转矩阵;${}^{A}P_{B3\times1}$表示刚体 B 相对于刚体 A 的原点偏移量。

旋转矩阵${}^{A}R_{B}$ 可表示为

$$ {}^{A}R_{B} = \mathrm{rot}(z,\gamma) \cdot \mathrm{rot}(y,\beta) \cdot \mathrm{rot}(x,\alpha) \tag{4.6} $$

$$ \mathrm{rot}(x,\alpha) = \begin{bmatrix} 1 & 0 & 0 & 0 \\ 0 & \cos(\alpha) & -\sin(\alpha) & 0 \\ 0 & \sin(\alpha) & \cos(\alpha) & 0 \\ 0 & 0 & 0 & 1 \end{bmatrix} \tag{4.7} $$

$$\mathrm{rot}(y,\beta) = \begin{bmatrix} \cos(\beta) & 0 & \sin(\beta) & 0 \\ 0 & 1 & 0 & 0 \\ -\sin(\beta) & 0 & \cos(\beta) & 0 \\ 0 & 0 & 0 & 1 \end{bmatrix} \tag{4.8}$$

$$\mathrm{rot}(z,\gamma) = \begin{bmatrix} \cos(\gamma) & -\sin(\gamma) & 0 & 0 \\ \sin(\gamma) & \cos(\gamma) & 0 & 0 \\ 0 & 0 & 1 & 0 \\ 0 & 0 & 0 & 1 \end{bmatrix} \tag{4.9}$$

$${}^{A}P_{B} = [\,{}^{A}P_{B,x} \quad {}^{A}P_{B,y} \quad {}^{A}P_{B,z}\,]^{T} \tag{4.10}$$

在机床运动过程中通过将从各轴编码器读取的信息与数控指令所示的理论位置进行比较得到各轴的伺服误差。以 X 轴为例,其伺服误差为

$$\delta_{x}^{servo} = X_{act} - X_{cmd} \tag{4.11}$$

其中,X_{act} 为 X 轴的实际位置;X_{cmd} 为 X 轴的理论位置。

机床单轴伺服误差对机床各运动链的影响可通过误差旋转变换矩阵计算得到,即

$$\delta E_{servo} = \delta^{servo} \cdot {}^{i}T_{j} \tag{4.12}$$

其中,δ^{servo} 为机床单轴伺服误差;${}^{i}T_{j}$ 为相连接的各运动副间的旋转变换矩阵。

4.1.5 机床空间误差模型

五轴数控机床在实际加工过程中,刀尖点与工件实际加工点在空间发生偏离。利用前文建立的几何误差模型和伺服误差模型对机床空间误差进行预测,建立空间误差模型为

$$\delta E = \delta E_{geo} + \delta E_{servo} \tag{4.13}$$

其中,δE_{geo} 为几何误差;δE_{servo} 为伺服误差。

$$\delta E_{geo} = [\,\mathrm{rot}(z,C)\,\mathrm{rot}(y,0)\,\mathrm{rot}(x,0)\,] \cdot {}^{W}T_{T} \tag{4.14}$$

4.2 实验方法与装置

XYC 轴三轴联动圆度误差检测原理如图 4.3 所示。由于本书所进行的实验是利用球杆仪进行机床误差检测,根据球杆仪自身的特点,球杆仪检测得到的误差主要由机床各部件的几何误差和数控系统的伺服误差两部分组成,因此,检测得到的机床空间误差也主要是几何误差和伺服误差造成,其中几何误差通过各运动副之间的连接误差和运动误差变换矩阵计算得到,伺服误差由旋转变换矩阵计算得到。

本书采用的实验方法是通过两个直线轴 *X*、*Y* 轴和一个旋转轴 *C* 轴同时运动插补画圆来实现三轴联动的误差检测。在 *XYC* 轴联运走圆过程中,球杆仪底座固定于回转工作台上,杆长为 100 mm,*C* 轴从 0°运动到 360°,*XY* 轴在不同的进给速度下(500 mm/min、5 000 mm/min、10 000 mm/min)配合运动画圆。在机床运动过程中同时采集各轴的位置和编码器的信息以便计算机床的伺服误差。实验装置如图 4.4 所示。

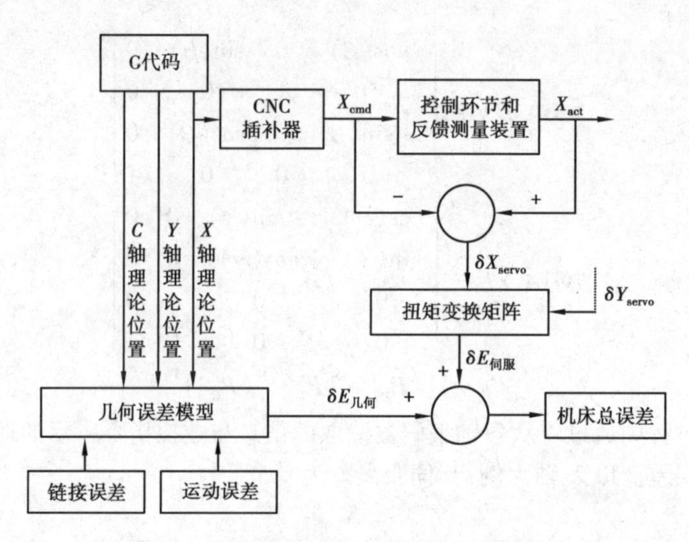

图 4.3　*XYC* 轴三轴联动空间误差检测原理

图 4.4　实验装置

4.3　实验结果分析与验证

4.3.1　实验结果分析

在机床圆测试中，随着进给速度的增加，机床运行过程中的伺服动态误差和几何误差使机床实际走出的圆偏离编程的理论圆。如图 4.5—图 4.10 显示了进给速度分别为 500 mm/min、5 000 mm/min、10 000 mm/min 时，机床 *XYC* 轴联动引起的实际误差、根据所建模型预测得到的总误差及由几何误差引起的误差和由伺服误差引起的误差曲线及各曲线之间的关系。

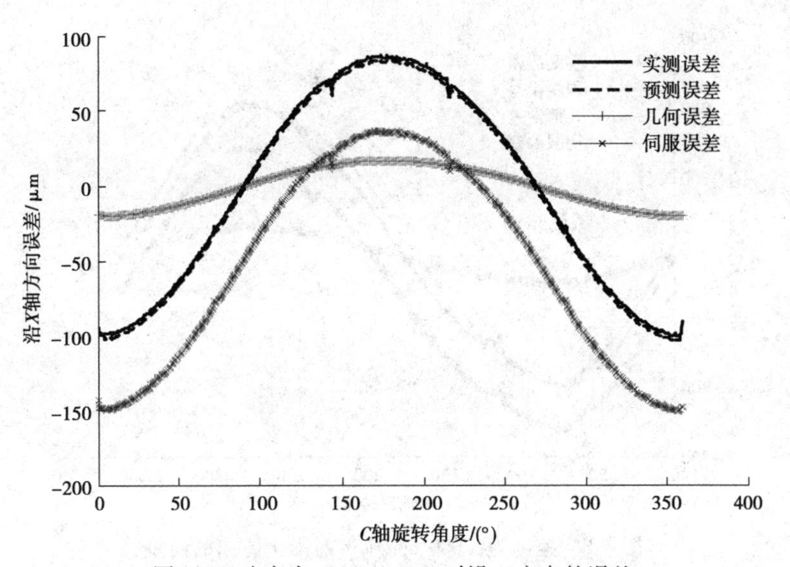

图 4.5 速度为 500 mm/min 时沿 X 方向的误差

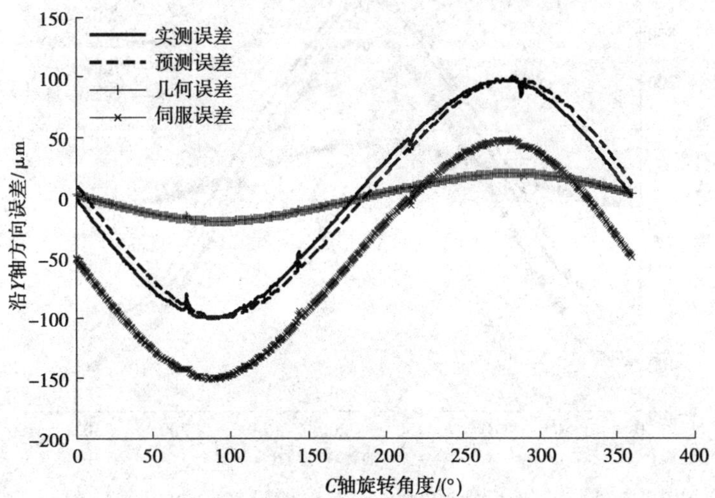

图 4.6 速度为 500 mm/min 时沿 Y 方向的误差

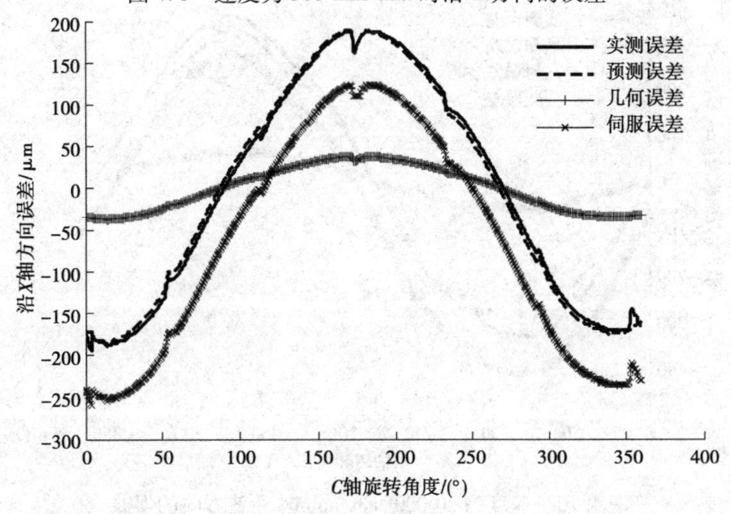

图 4.7 速度为 5 000 mm/min 时沿 X 方向的误差

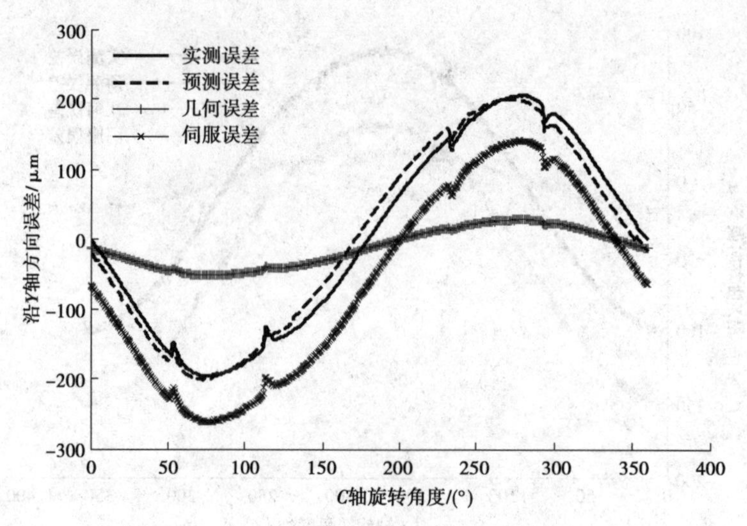

图 4.8　速度为 5 000 mm/min 时沿 Y 方向的误差

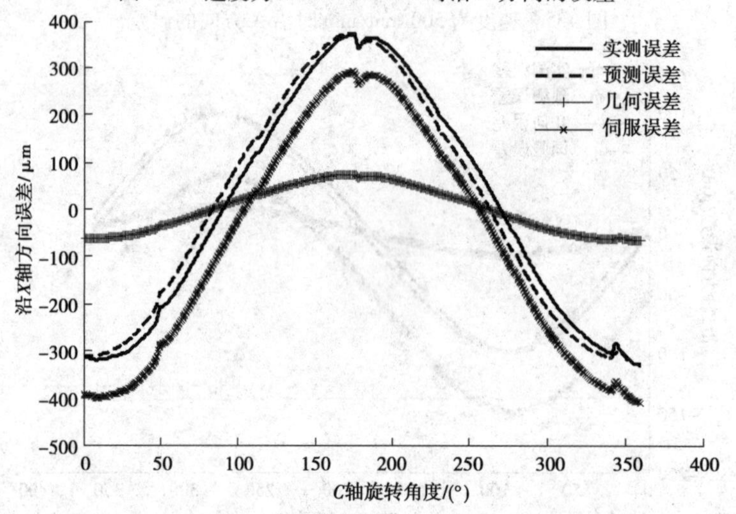

图 4.9　速度为 10 000 mm/min 时沿 X 方向的误差

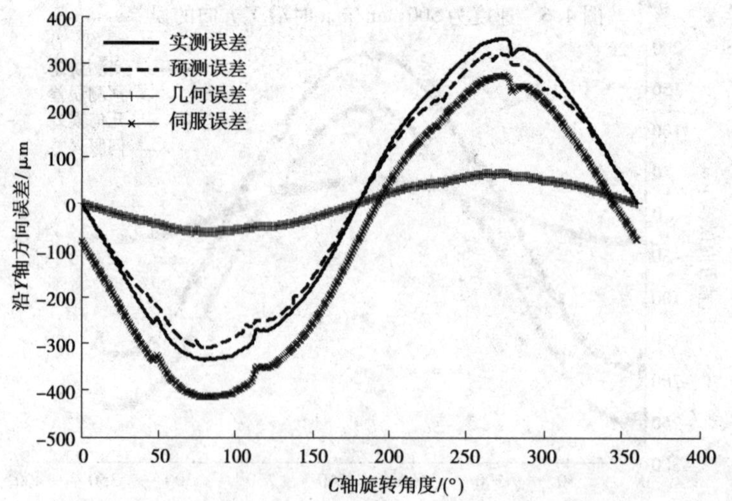

图 4.10　速度为 10 000 mm/min 时沿 Y 方向的误差

由图 4.5—图 4.10 可知：

①根据所建立的误差模型预测得到的机床总误差与实际测得的误差比较接近，两者相差最大值为 55.323 6 μm（进给速度为 10 000 mm/min），由此说明本书所建立的误差预测模型具有较高的准确性，可以用于五轴数控机床联动工况下的综合误差建模。

②随着机床进给速度的增加，机床的几何误差基本保持不变，而由伺服误差引起的机床总误差曲线与实际测得的机床总误差曲线形状比较相似，且伺服误差随着机床进给速度的增加而逐渐增加，当进给速度为 10 000 mm/min 时，伺服误差占机床总误差的 75% 左右。由此可知，在高速运行时机床的误差主要由伺服误差引起，即伺服误差在机床总误差中所占比重较大。

4.3.2　结果验证

如图 4.11—图 4.13 显示了 *XY* 轴进给速度分别为 500 mm/min、5 000 mm/min 和 10 000 mm/min 时，球杆仪检测得到的圆轨迹结果图。从图 4.11 可知机床的进给速度为 500 mm/min，实际圆轨迹运动误差主要表现为 *X* 轴和 *Y* 轴的直线度误差及两者之间的垂直度误差。

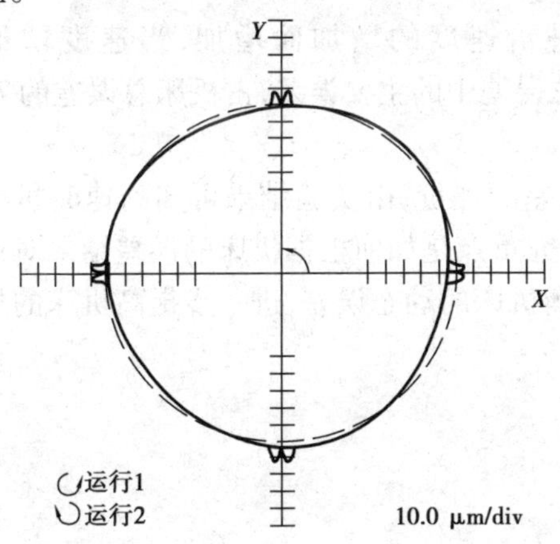

图 4.11　速度为 500 mm/min 时圆轨迹图

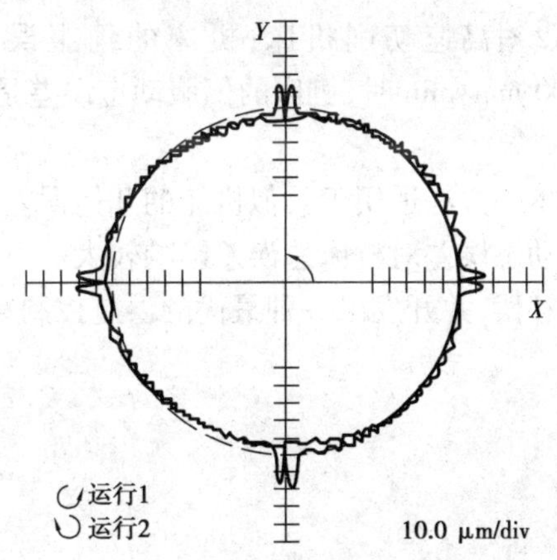

图 4.12　速度为 5 000 mm/min 时圆轨迹图

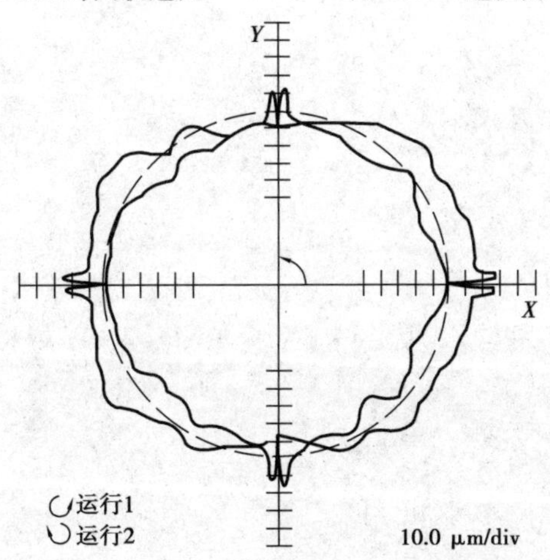

图 4.13　速度为 10 000 mm/min 时圆轨迹图

图 4.12 和图 4.13 显示了随着进给速度的增加，机床的伺服误差逐渐变大，实际圆轨迹误差主要由 *XY* 轴的伺服不匹配误差及反向跃冲误差引起。同时，由图 4.11—图 4.13 可知，随着进给速度的增加，机床的总误差逐渐变大，机床的几何误差在低速和高速时变化不大，而伺服误差则随着进给速度的增加而变大。实验结果进一步验证了本书所建误差评价模型的正确性以及利用该模型对机床的几何误差和伺服误差在机床总误差中所占比重进行评估的适用性。

4.4 本章小结

本章提出了一种对高速五轴数控机床 *XYC* 轴在不同进给速度下联动时的几何误差和伺服误差综合建模方法以及其在机床总误差中所占比重的评估方法，并在某五轴数控机床上进行了机床精度检测实验，结果表明：

①本书所建立的误差分析预测模型具有较高的准确性，可以用于五轴数控机床联动工况下的综合误差建模。

②对高速切削机床，机床的伺服误差随着进给速度的增加而增加，当速度增加至 10 000 mm/min 时，机床的伺服动态误差是机床的总误差中的主要误差，占机床总误差的 75% 左右。

本书方法适用于类似机床的几何误差及伺服误差的评价，由实验结果可知高速时机床的伺服动态误差对机床总误差影响较大。下一步的研究重点是如何根据机床的误差结果对误差进行补偿，并开发出一种最优的误差控制策略来平衡机床的动态误差，进一步提高机床的加工精度。

5 双转台式五轴数控机床旋转轴误差检测与辨识方法

五轴数控机床增加了两个旋转轴,增强了加工灵活性,提高了切削性能,但是增加的两个旋转轴自身的误差也增大了机床的总误差。为此,本章提出利用球杆仪对双转台式五轴数控机床的旋转轴误差进行检测,基于机床各坐标轴之间的误差传递关系,建立旋转轴误差辨识模型,并利用该模型对检测结果进行误差分离和辨识,实现五轴数控机床各旋转轴误差的检测与辨识,误差辨识结果可为旋转轴误差补偿和调整提供参考依据。

5.1 五轴数控机床旋转轴误差定义

双转台式五轴数控机床的结构如图 5.1 所示,X、Y、Z 轴为 3 个线性轴,A 轴和 C 轴为两个旋转轴。其中,工作台为连续分度的回转工作台(C 轴:0°~360°),A 轴转动范围为 0°~90°,固定于 Y 轴上连同 C 轴和工作台可以沿 Y 轴直线移动,X 轴和 Z 轴安装在立柱上,X 导轨左右水平移动,Z 导轨上下移动,工件安装在回转工作台(C 轴)上。

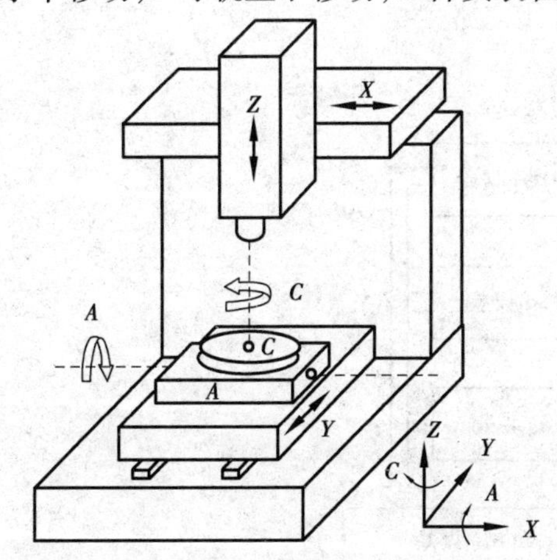

图 5.1 双转台式五轴数控机床结构

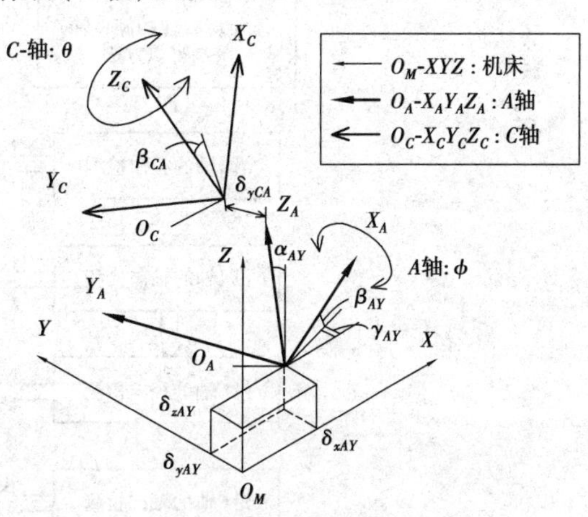

图 5.2 与旋转轴相关的运动误差项

如图 5.2 所示中相关的误差项的含义说明见表 5.1。

表 5.1　旋转轴运动误差含义

符号	含义
α_{AY}	A 轴相对机床关于 X 轴的旋转角度误差
β_{AY}	A 轴相对机床关于 Y 轴的旋转角度误差
γ_{AY}	A 轴相对机床关于 Z 轴的旋转角度误差
δ_{xAY}	A 轴相对机床在 X 方向上的平移运动误差
δ_{yAY}	A 轴相对机床在 Y 方向上的平移运动误差
δ_{zAY}	A 轴相对机床在 Z 方向上的平移运动误差
δ_{yCA}	C 轴相对 A 轴在 Y 方向上的平移运动误差
β_{CA}	C 轴相对 A 轴关于 Y 轴的旋转角度误差

5.2　五轴数控机床旋转轴误差辨识原理和流程

数控机床在运动过程中,不同的轴参与运动时,各轴误差的存在会对最终的加工精度产生不同程度的影响。利用球杆仪对机床的旋转轴及直线轴作圆检测,根据该圆插补运动的路径和方式,有旋转轴参与运动,检测结果中包含了与旋转轴在该运动方式中相关的一些误差项,根据球杆仪的理论长度与检测结果中特殊位置处的杆长变化量,可以分离出该运动形式下与旋转轴相关的误差项。不同的旋转轴在不同的运动形式中包含不同的误差项,通过设计不同的检测方式和检测路径(尽量包含机床旋转轴的误差),并避免由多项误差的耦合使最终检测结果中包含太多误差而无法分离,可以制订出对五轴数控机床与旋转轴相关的 8 项误差的辨识方法。该方法的辨识原理及辨识流程如图 5.3 所示。检测的流程如下:

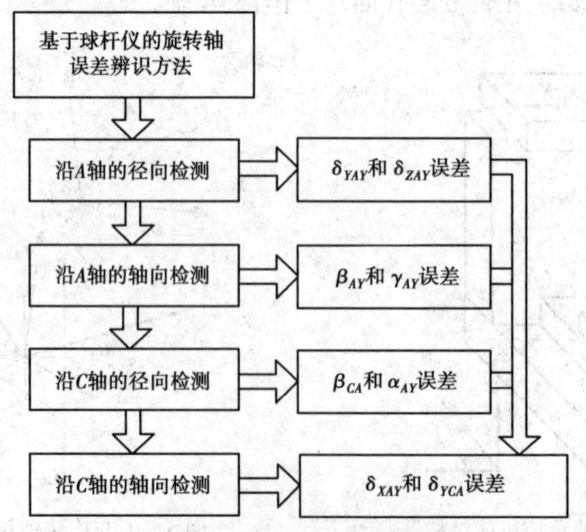

图 5.3　误差辨识原理和流程

①球杆仪沿 A 轴的径向检测,分离出 δ_{yAY}和 δ_{zAY}误差。

②球杆仪沿 A 轴的轴向检测，分离出 β_{AY} 和 γ_{AY} 误差。

③球杆仪沿 C 轴的径向检测，利用第 2 步分离出的 β_{AY} 和 γ_{AY} 误差，分离出 β_{CA} 和 α_{AY} 误差。

④球杆仪沿 C 轴的轴向检测，利用前 3 步所分离出的部分误差项，分离出 δ_{xAY} 和 δ_{yCA} 误差。

5.3　五轴数控机床旋转轴误差辨识模型

如图 5.4 所示，机床坐标系定为 O_M-XYZ，A 轴坐标系定为 O_A-$X_AY_AZ_A$，C 轴坐标系定为 O_C-$X_CY_CZ_C$。$S(X_C,Y_C,Z_C)$ 和 $T(X_T,Y_T,Z_T)$ 分别为球杆仪两端圆球在机床坐标系中的坐标。O_M-O_A 为 A 轴坐标系到机床坐标系的变换矩阵，O_A-O_C 为 C 轴坐标系到 A 轴坐标系的变换矩阵。

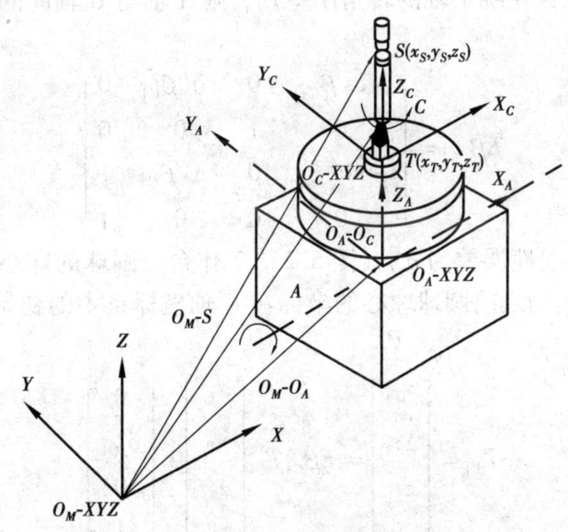

图 5.4　各坐标系定义

机床在运动过程中的实际误差可由球杆仪两端圆球球心间距离的变化在球杆仪敏感方向上的变动得到。根据坐标变换及误差传递原理，机床在运动过程中的实际误差还可通过计算两端圆球球心在机床坐标系下的坐标变化得到。先建立各部件的坐标系，通过坐标系间的变换关系将工作台坐标系圆球球心位置变换到机床坐标系，然后计算主轴端圆球球心在机床坐标系中的位置，通过建立相关方程组即可求得参与运动机床旋转轴的误差参数。

与主轴端相连的圆球的球心随着机床与 A 轴在 YZ 平面插补走圆，主轴端圆球沿与 A 轴平行的轴线旋转 ϕ 角，则坐标在机床坐标系下的变换矩阵可表示为 T_R。

$$T_R = \begin{bmatrix} 1 & 0 & 0 & 0 \\ 0 & \cos\phi & -\sin\phi & 0 \\ 0 & \sin\phi & \cos\phi & 0 \\ 0 & 0 & 0 & 1 \end{bmatrix} \tag{5.1}$$

主轴端圆球在运动过程中的坐标在机床坐标系下可表示为

$$S=\begin{bmatrix}x_S\\y_S\\z_S\\1\end{bmatrix}=T_R\begin{bmatrix}x_{SXYZ}\\y_{SXYZ}\\z_{SXYZ}\\1\end{bmatrix}=\begin{bmatrix}x_{SXYZ}\\\cos\theta y_{SXYZ}-\sin\theta z_{SXYZ}\\\sin\theta y_{SXYZ}+\cos\theta z_{SXYZ}\\1\end{bmatrix}\tag{5.2}$$

其中,$(X_{SXYZ},Y_{SXYZ},Z_{SXYZ})$为主轴端圆球的初始位置。

与主轴端相连的圆球,随着 A 轴的运动在 YZ 平面插补走圆,则与主轴端相连的圆球的运动在 A 轴坐标系下的变换矩阵可表示为 T_{CA}。

$$T_{CA}=\begin{bmatrix}\cos\theta&-\sin\theta&0&0\\\sin\theta&\cos\theta&0&0\\0&0&1&0\\0&0&0&1\end{bmatrix}\tag{5.3}$$

若 A 轴和 C 轴之间存在绕 Y 轴的转角误差 β_{CA},则 A 轴与 C 轴间的旋转变换矩阵可表示为 $E\beta_{CA}$。

$$E\beta_{CA}=\begin{bmatrix}\cos\beta_{CA}&0&\sin\beta_{CA}&0\\0&1&0&0\\-\sin\beta_{CA}&0&\cos\beta_{CA}&1\\0&0&0&1\end{bmatrix}\tag{5.4}$$

A 轴和 C 轴之间的线性误差为 δ_{yCA}(图 5.2),工作台上圆球的球心坐标在 A 轴坐标系中的坐标可用 T_A 表示。运动之前圆球球心的坐标在 C 轴坐标系中的初始坐标可表示为 T_C,则 T_A 与 T_C 之间的关系为

$$T_A=\begin{bmatrix}x_{T_A}\\y_{T_A}\\z_{T_A}\\1\end{bmatrix}=E\beta_{CA}T_{CA}\begin{bmatrix}x_{T_C}\\y_{T_C}\\z_{T_C}\\1\end{bmatrix}+\begin{bmatrix}0\\\delta_{yCA}\\0\\1\end{bmatrix}\tag{5.5}$$

A 轴坐标系和机床坐标系之间的转角误差 β_{AY} 和 γ_{AY} 可表示为

$$E\beta_{AY}=\begin{bmatrix}\cos\beta_{AY}&0&\sin\beta_{AY}&0\\0&1&0&0\\-\sin\beta_{AY}&0&\cos\beta_{AY}&0\\0&0&0&1\end{bmatrix}\tag{5.6}$$

$$E\gamma_{AY}=\begin{bmatrix}\cos\gamma_{AY}&0&\sin\gamma_{AY}&0\\0&1&0&0\\-\sin\gamma_{AY}&0&\cos\gamma_{AY}&0\\0&0&0&1\end{bmatrix}\tag{5.7}$$

δ_{xAY}、δ_{yAY} 和 δ_{zAY} 为 A 轴相对于机床在 X、Y 和 Z 方向上的平移运动误差;若 A 轴存在 α_{AY} 转角误差,则 A 轴绕与 X 轴平行的轴转动 ϕ 在 A 轴坐标系中的变换矩阵可表示为 T_{AXYZ}。

$$T_{AXYZ}=\begin{bmatrix}1&0&0&0\\0&\cos(\phi+\alpha_{AY})&-\sin(\phi+\alpha_{AY})&0\\0&\sin(\phi+\alpha_{AY})&\cos(\phi+\alpha_{AY})&0\\0&0&0&1\end{bmatrix}\tag{5.8}$$

工作台上圆球的球心在 C 轴坐标系中的坐标可用 T 来表示。

$$T=\begin{bmatrix}x_T\\y_T\\z_T\\1\end{bmatrix}=E\beta_{AY}E\gamma_{AY}T_{AXYZ}\begin{bmatrix}x_{T_A}\\y_{T_A}\\z_{T_A}\\1\end{bmatrix}+\begin{bmatrix}\delta_{xAY}\\\delta_{yAY}\\\delta_{ZAY}\\1\end{bmatrix}\tag{5.9}$$

将式(5.5)代入式(5.9)可得

$$T=\begin{bmatrix}x_T\\y_T\\z_T\\1\end{bmatrix}=E\beta_{AY}E\gamma_{AY}T_{AXYZ}\left[E\beta_{CA}T_{CA}\begin{bmatrix}x_{T_C}\\y_{T_C}\\z_{T_C}\\1\end{bmatrix}+\begin{bmatrix}0\\\delta_{yCA}\\0\\1\end{bmatrix}\right]+\begin{bmatrix}\delta_{xAy}\\\delta_{yAy}\\\delta_{zAy}\\1\end{bmatrix}$$

$$=\begin{bmatrix}\cos\beta_{AY}&0&\sin\beta_{AY}&0\\0&1&0&0\\-\sin\beta_{AY}&0&\cos\beta_{AY}&0\\0&0&0&1\end{bmatrix}\begin{bmatrix}\cos\gamma_{AY}&0&\sin\gamma_{AY}&0\\0&1&0&0\\-\sin\gamma_{AY}&0&\cos\gamma_{AY}&0\\0&0&0&1\end{bmatrix}\begin{bmatrix}1&0&0&0\\0&\cos(\phi+\alpha_{AY})&-\sin(\phi+\alpha_{AY})&0\\0&\sin(\phi+\alpha_{AY})&\cos(\phi+\alpha_{AY})&0\\0&0&0&1\end{bmatrix}\cdot$$

$$\left[\begin{bmatrix}\cos\beta_{CA}&0&\sin\beta_{CA}&0\\0&1&0&0\\-\sin\beta_{CA}&0&\cos\beta_{CA}&0\\0&0&0&1\end{bmatrix}\begin{bmatrix}\cos\theta&-\sin\theta&0&0\\\sin\theta&\cos\theta&0&0\\0&0&1&0\\0&0&0&1\end{bmatrix}\begin{bmatrix}x_{T_C}\\y_{T_C}\\z_{T_C}\\1\end{bmatrix}+\begin{bmatrix}0\\\delta_{yCA}\\0\\1\end{bmatrix}\right]+\begin{bmatrix}\delta_{xAy}\\\delta_{yAy}\\\delta_{zAy}\\1\end{bmatrix}\tag{5.10}$$

由式(5.10)计算可得各坐标分量分别为

$$\begin{aligned}x_T=&(\cos\beta_{AY}\cos\gamma_{AY}-\sin\beta_{AY}\sin\gamma_{AY})(\cos\beta_{CA}\cos\theta x_{T_C}-\cos\beta_{CA}\sin\theta y_{T_C}+\sin\beta_{CA}z_{T_C})+\\&\sin(\phi+\alpha_{AY})(\cos\beta_{AY}\sin\gamma_{AY}+\sin\beta_{AY}\cos\gamma_{AY})(\sin\theta x_{T_C}+\cos\theta y_{T_C}+\delta_{yCA})+\\&\cos(\phi+\alpha_{AY})(\cos\beta_{AY}\sin\gamma_{AY}+\sin\beta_{AY}\cos\gamma_{AY})+\delta_{xAy}\\y_T=&\cos(\phi+\alpha_{AY})(\sin\theta x_{T_C}+\cos\theta y_{T_C}+\delta_{yCA})-\\&\sin(\phi+\alpha_{AY})(-\sin\beta_{CA}\cos\theta x_{T_C}+\sin\beta_{CA}\sin\theta y_{T_C}+\cos\beta_{AY}z_{T_C})+\delta_{yAy}\\z_T=&(-\sin\beta_{AY}\cos\gamma_{AY}-\cos\beta_{AY}\sin\gamma_{AY})(\cos\beta_{CA}\cos\theta x_{T_C}-\cos\beta_{CA}\sin\theta y_{T_C}+\sin\beta_{CA}z_{T_C})-\\&\sin(\phi+\alpha_{AY})(-\sin\beta_{AY}\sin\gamma_{AY}+\cos\beta_{AY}\cos\gamma_{AY})(\sin\theta x_{T_C}+\cos\theta y_{T_C}+\delta_{yCA})+\\&\cos(\phi+\alpha_{AY})(-\sin\beta_{AY}\sin\gamma_{AY}+\cos\beta_{AY}\cos\gamma_{AY})+\delta_{zAy}\end{aligned}\tag{5.11}$$

根据所编制的数控程序,球杆仪以安装在工作台端圆球的球心为圆弧插补的运动中心,使主轴端圆球的球心做圆弧插补运动。由于各种误差的存在,圆球在机床上的实际位置偏离理论的位置,在机床坐标系中,假设工作台端圆球的球心的实际坐标为 $T(X_0,Y_0,Z_0)$,主轴端圆球的球心的实际坐标为 $S(X_1,Y_1,Z_1)$,球杆仪的实际杆长为 $R+\Delta R$。如图 5.5 所示,根据勾股

定理可知

$$(R+\Delta R)^2=(X_1-X_0)^2+(Y_1-Y_0)^2+(Z_1-Z_0)^2 \tag{5.12}$$

式(5.12)中，R 的值是球杆仪的给定杆长，ΔR 可以由球杆仪运行的结果得到，(X_0,Y_0,Z_0) 和 (X_1,Y_1,Z_1) 的值可以由所建模的误差模型式(5.11)计算得到。

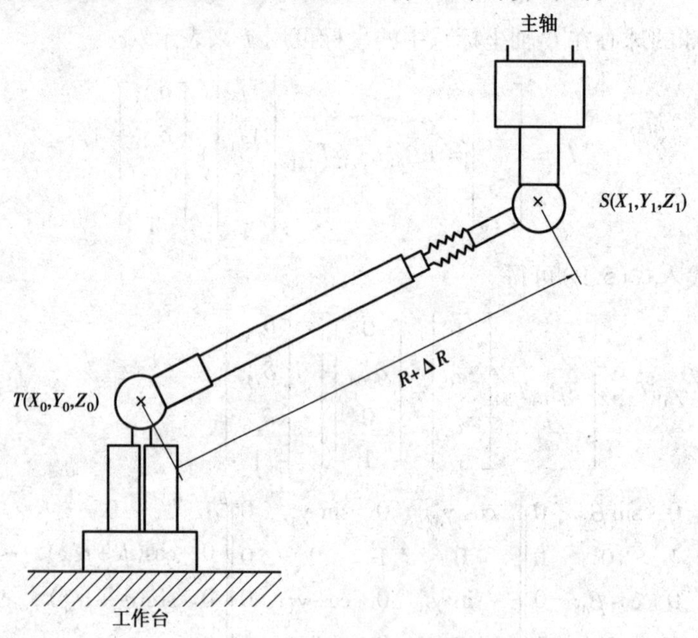

图 5.5　球杆仪测量中的坐标系与误差矢量

5.4　旋转轴误差检测方法

根据机床 A 轴和 C 轴在运动过程中可能存在的相关误差设定 4 种检测路径，通过这 4 种检测获得球杆仪运动过程中在特定位置处的杆长变化量，并通过两端圆球球心位置的相对关系，找出与回转工作台相关的误差参数。

5.4.1　沿 A 轴径向检测

球杆仪沿 A 轴径向方向检测示意图如图 5.6 所示。工作台上圆球的球心与 A 轴 B 轴交点之间的距离为 L。球杆仪底座中心与工作台回转中心重合，A 轴从 0°等速度运转到 90°，球杆仪主轴端通过 Y、Z 轴在 YZ 平面做同步运动。现场检测过程图如图 5.7 所示。

5.4.2　沿 A 轴轴向检测

球杆仪沿 A 轴轴向方向检测示意图如图 5.8 所示。球杆仪底座中心与工作台回转中心重合，A 轴从 0°转动到 90°，球杆仪主轴端通过 Y、Z 轴插补在 YZ 平面做同步运动。现场检测过程图如图 5.9 所示。

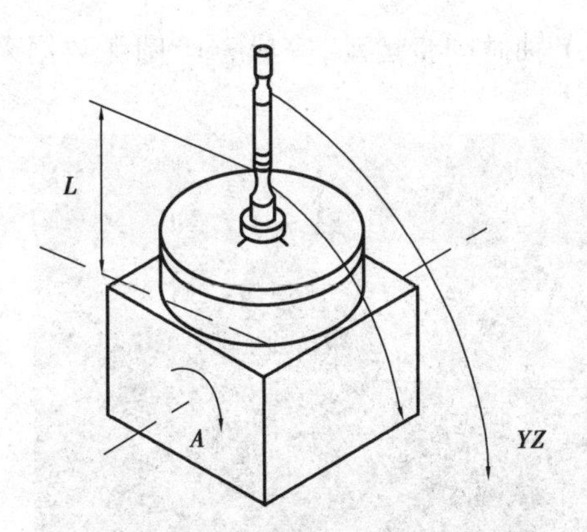

图 5.6　沿 A 轴径向方向检测示意图

图 5.7　沿 A 轴径向现场检测

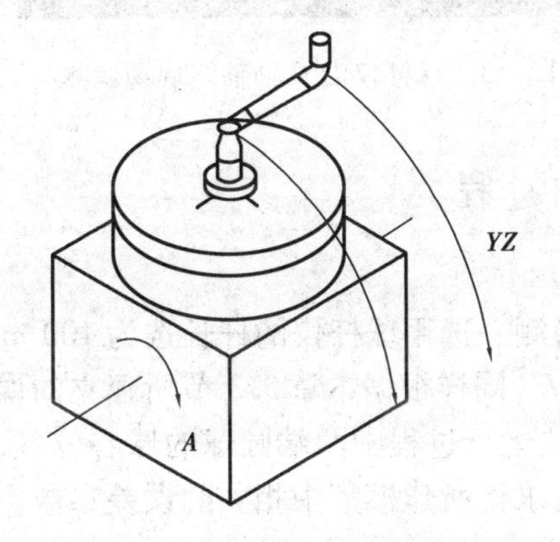

图 5.8　沿 A 轴轴向方向检测示意图

图 5.9　球杆仪沿 A 轴轴线现场检测

5.4.3　沿 C 轴径向检测

球杆仪沿 C 轴径向方向检测示意图如图 5.10 所示。球杆仪主轴轴线与 C 轴中心线重合，球杆仪绕 C 轴旋转 360°圆周运动。现场检测过程图如图 5.11 所示。

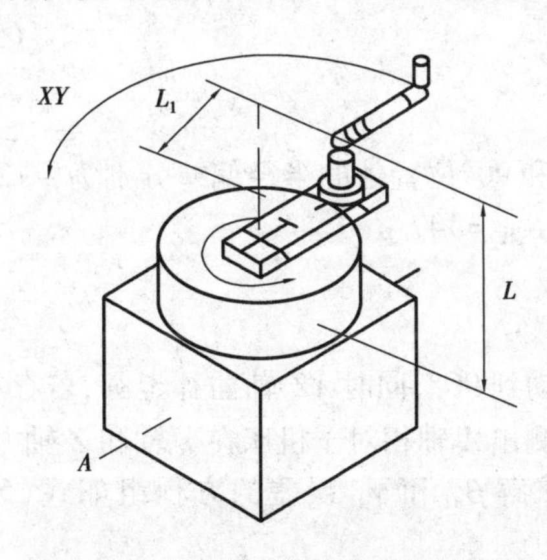

图 5.10　沿 C 轴半径方向检测示意图

图 5.11　球杆仪沿 C 轴径向现场检测

5.4.4　沿 C 轴轴向检测

球杆仪沿 C 轴轴向方向检测示意图如图 5.12 所示。球杆仪底座中心与 C 轴中心线距离

为 L_1，球杆仪轴线与 C 轴中心线平行，C 轴旋转，X、Y 轴做同步运动，完成 360°圆弧数据采集。现场检测过程图如图 5.13 所示。

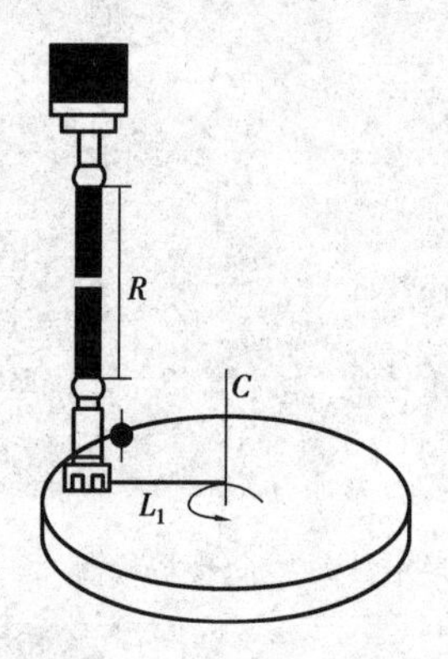

图 5.12　沿 C 轴轴向方向检测示意图

图 5.13　球杆仪沿 C 轴轴线现场检测

5.5　误差辨识过程

根据本章 5.4 节所描述的方法进行各种路径的检测。选用球杆仪的杆长选为 100 mm，由于各种误差的存在，检测过程中球杆仪的实际杆长为 L'，同样根据本章 5.3 节所建立的误差模型，可以求得 A 轴从 0° ~ 90°，C 轴从 0° ~ 360°，球杆仪运行过程中两端圆球的球心位置，将实际测得的杆长与误差模型求得的实际杆长相比较即可求得所建模型中相关的误差参数。

5.5.1　δ_{yAY} 和 δ_{zAY} 误差辨识

根据本章 5.4.1 节所描述的方法，A 轴从 0°运动到 90°，同时 YZ 轴插补走圆，若只存在 δ_{yAY} 和 δ_{zAY} 误差，球杆仪在 0°位置处和 90°位置处可以检测出 A 轴相对于机床在 Y 轴和 Z 轴方向的平移运动偏差，用于求解 δ_{yAY} 和 δ_{zAY} 误差的方程组如式(5.13)所示。

$$\begin{cases} \delta_{yAY} = -e_y \\ \delta_{zAY} = -e_z \end{cases} \tag{5.13}$$

其中，e_y 和 e_z 分别为球杆仪所走轨迹中心的偏移量。

由球杆仪运行的结果(图 5.14)可知，A 轴在 0°和 90°位置处的半径偏差分别为 −125 μm 和 −147 μm，将其代入式(5.13)可得 δ_{yAY} = 125 μm，δ_{zAY} = 147 μm。

5.5.2　β_{AY} 和 γ_{AY} 误差辨识

根据本章 5.4.2 节所描述的方法，A 轴从 0°运动到 90°，同时 YZ 轴插补走圆，若存在 β_{AY} 和 γ_{AY} 误差，球杆仪在 0°位置处和 90°位置处可以检测出 A 轴相对于机床在 Y 轴和 Z 轴方向的旋转运动偏差，根据之前所建立的误差模型可得求解 β_{AY} 和 γ_{AY} 误差的方程组如式(5.14)所示。

$$\begin{cases} \sin \beta_{AY} = \dfrac{e_y}{L} \\ \sin \gamma_{AY} = -\dfrac{e_z}{L} \end{cases} \tag{5.14}$$

其中，e_y 和 e_z 分别为球杆仪运行轨迹的中心偏移量，L 为工作台端圆球中心到 AC 轴回转中心的距离。

由球杆仪的运行结果（图5.15）可知，A 轴在0°和90°位置处的半径偏差分别为12.5 μm和9 μm，$L=315$ mm，将其代入式（5.14）可得 $\gamma_{AY}=8.1852''$，$\beta_{AY}=-5.8933''$。

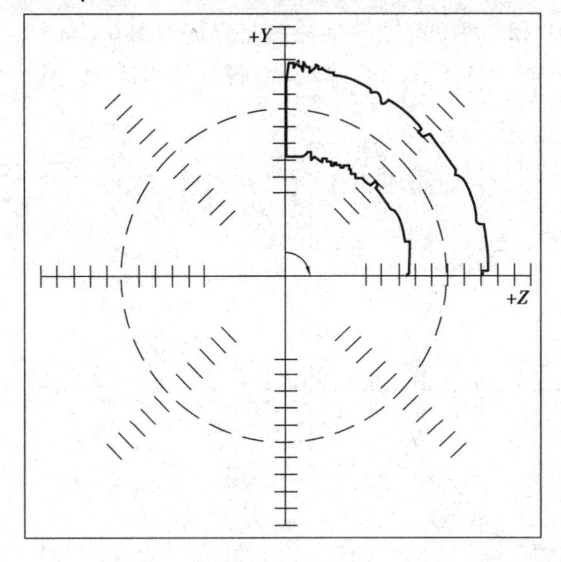

图5.14　球杆仪沿 A 轴径向方向检测结果（5.0 um/div）

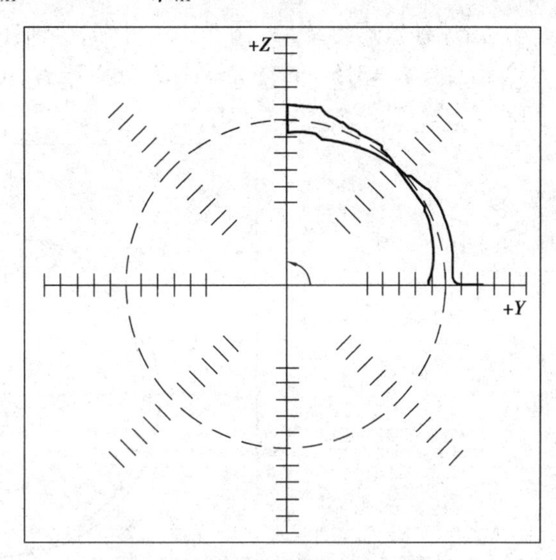

图5.15　球杆仪沿 A 轴轴线方向检测结果（5.0 um/div）

5.5.3　β_{CA} 和 α_{AY} 误差辨识

根据本章5.4.3节所描述的方法，C 轴从0°运动到360°，同时 XY 轴插补走圆，若存在 β_{CA} 和 α_{AY} 误差，球杆仪在0°位置处和90°位置处可以检测出 C 轴相对于 A 轴绕 Y 轴方向的转角误差 β_{CA}、A 轴相对于 Y 轴绕 X 轴方向的转角误差 α_{AY}。根据之前所建立的误差模型可得求解 β_{CA} 和 α_{AY} 误差的方程组如式（5.15）所示。

$$\begin{cases}\sin\beta_{CA}=\dfrac{e_x-L_1\sin\beta_{AY}}{L_1}\\ \sin\alpha_{AY}=-\dfrac{e_y}{L_1}\end{cases}\tag{5.15}$$

其中，e_x 和 e_y 分别为球杆仪测量中心的偏移，L_1 为球杆仪底座到工作台回转中心的距离。

由球杆仪运行结果可知，C 轴在0°和90°位置处的半径偏差分别为−12.4 μm和10 μm，$L_1=50$ mm，将其代入式（5.15）可得 $\beta_{CA}=-45.2607''$，$\alpha_{AY}=-41.2530''$。

5.5.4　δ_{xAY} 和 δ_{yCA} 误差辨识

根据本章5.4.4节所描述的方法，C 轴从0°运动到360°，同时 XY 轴插补走圆，若存在 δ_{xAY} 和 δ_{yCA} 误差，球杆仪在0°位置处和90°位置处可以检测出 C 轴相对于 A 轴沿 Y 轴方向的平移运动误差 δ_{xAY}、C 轴相对于 A 轴沿 Y 轴方向的平移运动误差 δ_{yCA}。根据之前所建立的误差模型可得求解 δ_{xAY} 和 δ_{yCA} 误差的方程组如式（5.16）所示。

$$\begin{cases} \delta_{xAY} = -e_x - L\sin\beta_{CA} - L\sin\beta_{AY} \\ \delta_{yCA} = -e_y - \delta_{yAY} + L\sin\beta_{AY} \end{cases} \tag{5.16}$$

其中，e_x 和 e_y 分别为球杆仪测量中心的偏移，L 为工作台端圆球的球心到 AC 轴回转中心的距离。

由球杆仪运行结果（图 5.16）可知，C 轴在 0°和 90°位置处的半径偏差分别为 5.6 μm 和 0.9 μm，且 $L=315$ mm，$\beta_{CA}=-45.2607''$，$\beta_{AY}=-5.8933''$，$\delta_{yAY}=125$ μm，将其代入式（5.16）可得 $\delta_{xAY}=12.4$，$\delta_{yCA}=-371$ μm。

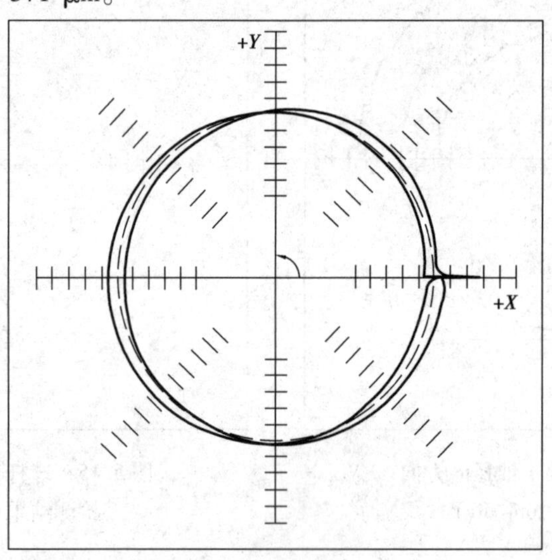

图 5.16 球杆仪沿 C 轴轴线方向检测结果（5.0 um/div）

5.5.5 误差辨识结果

综上可得，五轴数控机床旋转轴的误差辨识结果见表 5.2。

由表 5.2 可知，该双转台式五轴数控机床 A 轴相对于机床绕 X 轴的转角精度较差，A 轴原点相对于机床坐标的原点偏移误差较大，A 轴与 C 轴在 Y 方向的偏移较大，另外 C 轴相对于 A 轴绕 Y 轴的转角误差较大。在得到了与机床旋转轴相关的误差参数后，应当采取相应的措施对其进行调整或补偿。

表 5.2 机床旋转轴误差辨识结果

误差名称	误差值
α_{AY}	−41.253 0″
β_{AY}	−5.893 3″
γ_{AY}	8.185 2″
δ_{xAY}	12.4 μm
δ_{yAY}	125 μm
δ_{zAY}	147 μm
δ_{yCA}	−371 μm
β_{CA}	−45.260 7″

5.6　本章小结

①介绍了双转台式五轴数控机床旋转轴的相关误差项（共 8 项）：α_{AY}、β_{AY}、γ_{AY}、δ_{xAY}、δ_{yAY}、δ_{zAY}、δ_{yCA}、β_{CA}，并对各项误差的含义进行了解释说明。

②介绍了机床旋转轴误差的辨识原理和检测流程。球杆仪分别沿机床旋转轴的轴向和径向方向进行检测。

③建立了两个旋转轴的误差辨识模型，利用球杆仪在不同的检测方式下进行机床旋转轴和直线轴的联动误差检测，并利用误差模型对检测结果进行分离和辨识，得到了与回转工作台相关的误差参数，为下一步旋转轴的误差补偿和调整奠定了基础。

6

双摆头式五轴数控机床空间误差分析模型

本章介绍利用激光干涉仪基于九线法获取数控机床3个直线轴误差的方法,再利用多体系统误差建模原理建立数控机床的空间误差分析模型,通过所建模型,计算机床工作区域内的空间误差,根据机床空间误差分布的情况预测机床当前的精度状态,为确定机床的特定误差检测项,实现对主要误差项的快速、高效检测和数控机床误差补偿提供条件。

6.1 基本原理

6.1.1 激光干涉仪及特点

激光干涉仪是一种特殊的氦氖气体激光器,在激光器放电管外加有一个轴向磁场。在这一磁场作用下激光分裂为两种不同频率的激光(称为塞曼效应),谐振腔内介质勾勒散的影响,使谐振频率向原子中心频率靠拢(称为频率牵引效应),最终输出频差为1~2 MHz的左、右旋圆偏振光。双频激光器利用两个频率输出的光强差来控制压电陶瓷圆筒的伸缩,用以控制谐振腔的腔长,达到稳频的目的。如图6.1所示显示了利用激光干涉仪进行直线度测量的方法。

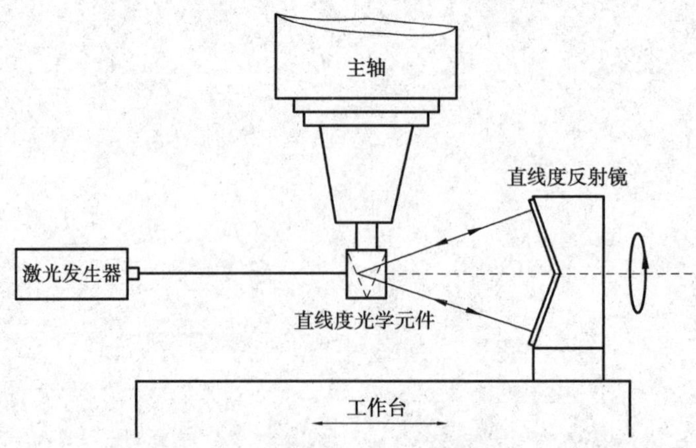

图6.1　激光干涉仪直线度检测

激光干涉仪在精度检测中的应用及优点如下：

①可同时检测直线度、垂直度、俯仰与偏摆、平面度、平行度等几何精度。

②可用于位置精度的检测及其自动补偿。

③可用于双轴定位精度的检测及其自动补偿。

④能够对数控机床进行动态性能检测。

6.1.2 九线法检测原理

以 X 轴为例说明 X 轴单元误差辨识过程。运动部件在运动过程中所产生的 6 项基本误差，其几何特征如图 6.2 所示。运动部件沿 X 轴平动，当运动到某一时刻 t 时，在工作台坐标系中选择如图 6.2 所示的 3 条直线 1、2 和 3，分别在其上选取 A_1、A_2、A_3 点，测出其位移误差 $\Delta x(1)$、$\Delta x(2)$ 和 $\Delta x(3)$，并在 A_1 点测出直线 1 的 Y 轴方向和 Z 轴方向的直线度误差 $\Delta y_x(1)$ 和 $\Delta z_x(1)$，在 A_2 点测出直线 2 在 Y 轴方向的直线度误差 $\Delta y_x(2)$。根据 6 项基本误差的几何特征可知，$\Delta\gamma_x$ 在 X、Y 方向，$\Delta\beta_x$ 在 X、Z 方向，$\Delta\alpha_x$ 在 Y、Z 方向，也会产生位移误差，从而可以得到 6 个关系式为

$$\begin{cases}\Delta x(1) = \Delta x - \Delta\gamma_x y_1 + \Delta\beta_x z_1 \\ \Delta y_x(1) = \Delta y_x - \Delta\alpha_x z_1 + \Delta\gamma_x x_1 \\ \Delta z_x(1) = \Delta z_x - \Delta\beta_x x_1 + \Delta\alpha_x y_1 \\ \Delta x(2) = \Delta x - \Delta\gamma_x y_2 + \Delta\beta_x z_2 \\ \Delta y_x(2) = \Delta y_x - \Delta\alpha_x z_2 + \Delta\gamma_x x_2 \\ \Delta x(3) = \Delta x - \Delta\gamma_x y_3 + \Delta\beta_x z_3\end{cases} \tag{6.1}$$

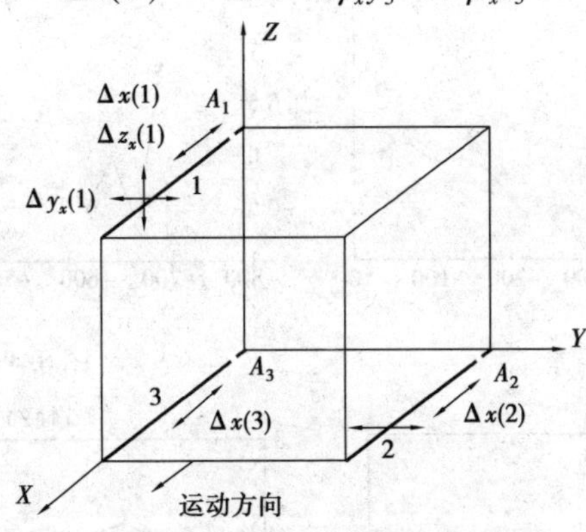

图 6.2 沿 X 轴平动的参数测量

根据图 6.2，3 个测量点的坐标 y_1, y_3, z_2, z_3 均为零，则式(6.1)可写为

$$\begin{cases}\Delta x(1) = \Delta x + \Delta\beta_x z_1 \\ \Delta y_x(1) = \Delta y_x - \Delta\alpha_x z_1 + \Delta\gamma_x x_1 \\ \Delta z_x(1) = \Delta z_x - \Delta\beta_x x_1 \\ \Delta x(2) = \Delta x - \Delta\gamma_x y_2 \\ \Delta y_x(2) = \Delta y_x + \Delta\gamma_x x_2 \\ \Delta x(3) = \Delta x\end{cases} \tag{6.2}$$

若用矩阵表示,令

$$\Delta X = [\Delta x_x \quad \Delta y_x \quad \Delta z_x \quad \Delta\alpha_x \quad \Delta\beta_x \quad \Delta\gamma_x]^{\mathrm{T}} \tag{6.3}$$

$$\Delta_X = [\Delta x(1) \quad \Delta y_x(1) \quad \Delta z_x(1) \quad \Delta x(2) \quad \Delta y_x(2) \quad \Delta x(3)]^{\mathrm{T}} \tag{6.4}$$

$$A_x = \begin{bmatrix} 1 & 0 & 0 & 0 & z_1 & 0 \\ 0 & 1 & 0 & -z_1 & 0 & x_1 \\ 0 & 0 & 1 & 0 & -x_1 & 0 \\ 1 & 0 & 0 & 0 & 0 & -y_2 \\ 0 & 1 & 0 & 0 & 0 & x_2 \\ 0 & 0 & 1 & 0 & 0 & 0 \end{bmatrix} \tag{6.5}$$

则有

$$\Delta_X = A_x \Delta X \tag{6.6}$$

当 z_1、y_2 均不等于 0 时,A_x 可逆,有

$$\Delta X = A_x^{-1} \Delta_X \tag{6.7}$$

X 轴运动到 t 时刻的 6 项误差就可以从上述 3 个位移值和 3 个直线度值中分离出来。同样,Y、Z 轴的 6 项误差也可用同样的方法分离出来。

利用激光干涉仪基于九线法对五轴数控机床 3 个直线轴进行检测的部分结果如图 6.3—图 6.11 所示。

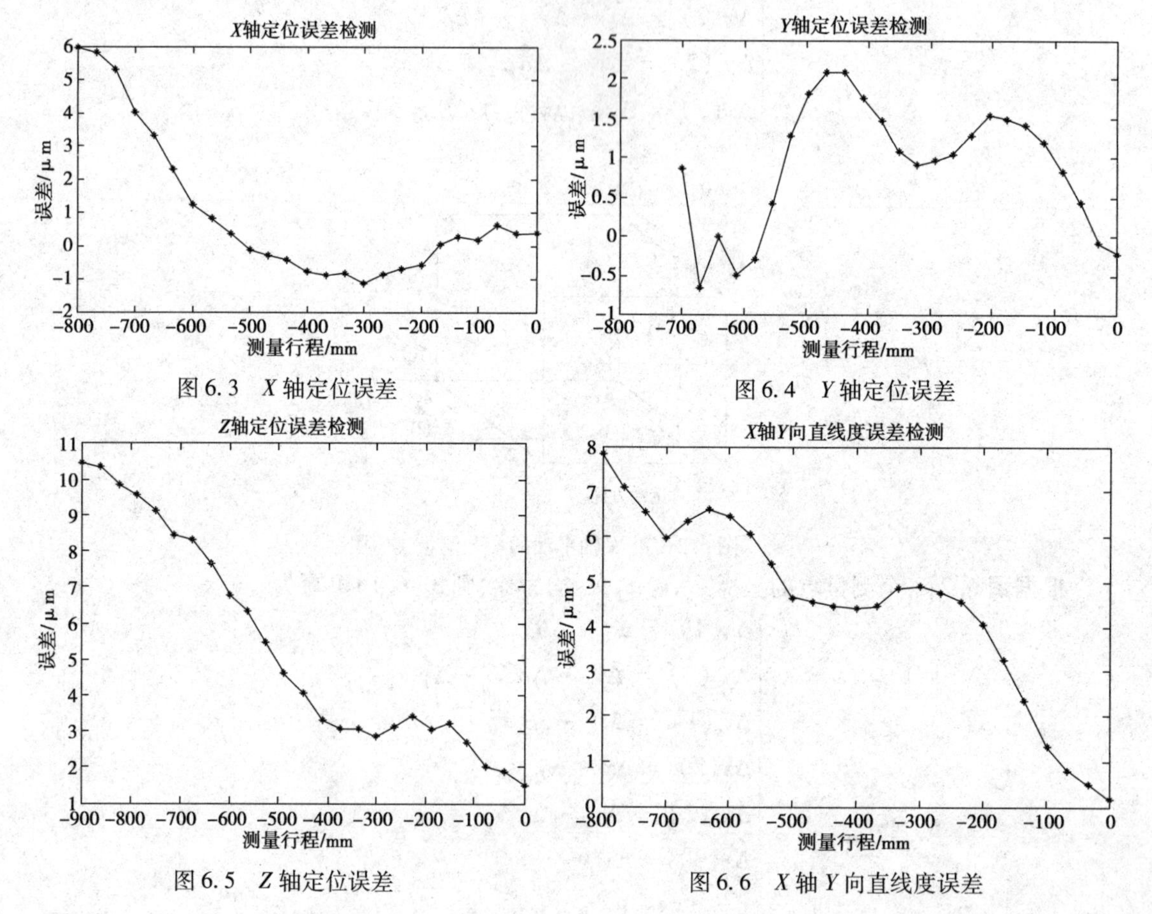

图 6.3　X 轴定位误差

图 6.4　Y 轴定位误差

图 6.5　Z 轴定位误差

图 6.6　X 轴 Y 向直线度误差

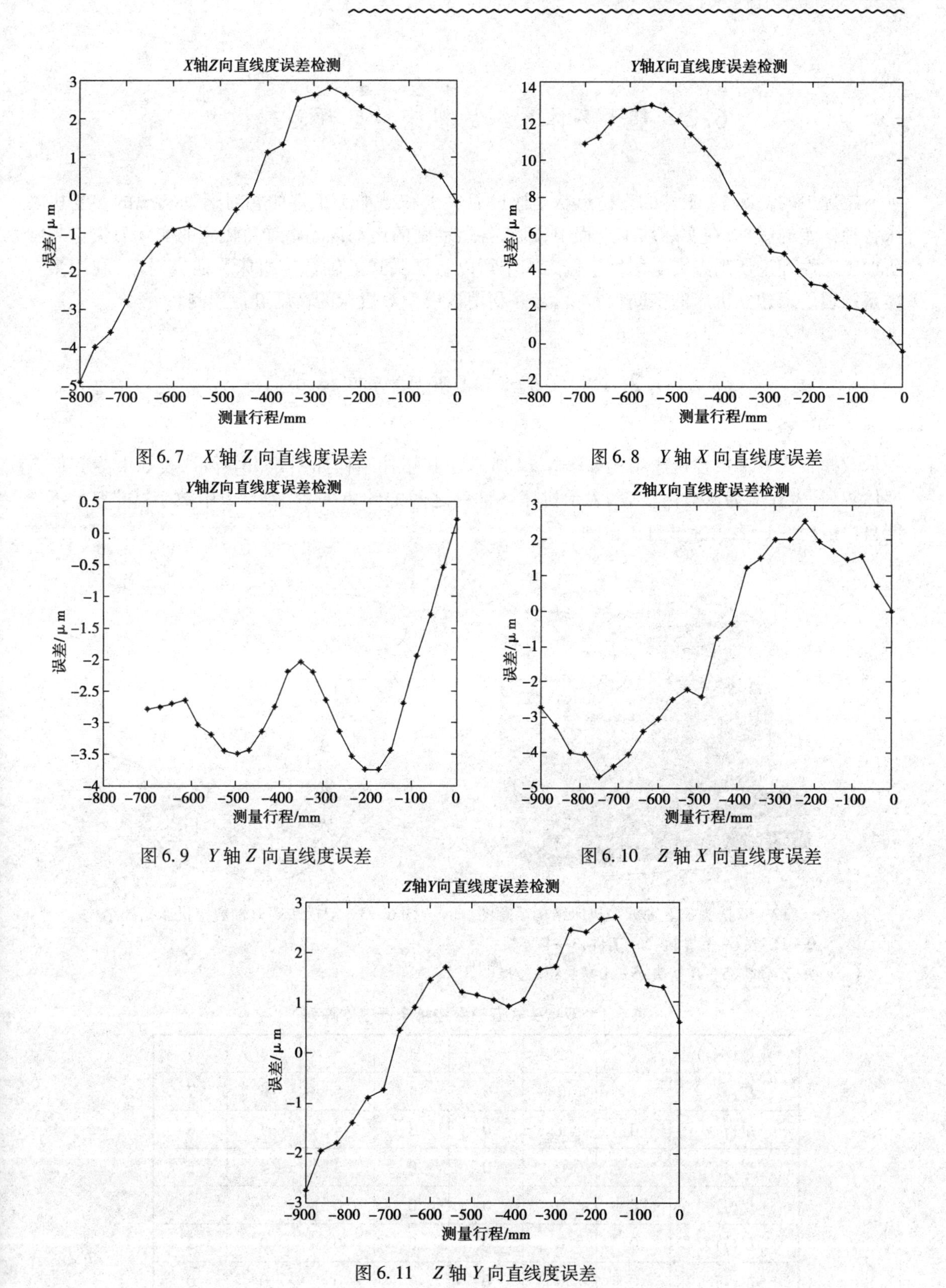

图6.7 X轴Z向直线度误差

图6.8 Y轴X向直线度误差

图6.9 Y轴Z向直线度误差

图6.10 Z轴X向直线度误差

图6.11 Z轴Y向直线度误差

6.2 基于多体系统的机床精度预测建模

在理想的情况下,工件的理论形状是通过刀尖点和被加工工件的相对运动实现的。受机床各种误差的影响,在实际加工过程中,机床各运动副的运动误差将导致机床的实际刀尖点与所加工工件理论切削点在空间发生偏离。本章以双摆头式五轴数控机床为研究对象,利用多体系统理论来建立机床的空间误差模型,并利用该模型对机床的精度进行预测。

6.2.1 实验对象机床结构模型

双摆头式五轴数控机床结构如图 6.12 所示。其拓扑结构如图 6.13 所示,表 6.1 为其低序体阵列,表 6.2 为其自由度表,表示机床各部件之间的约束关系,表 6.2 中数字“0”表示不能自由运动,“1”表示能够自由运动。

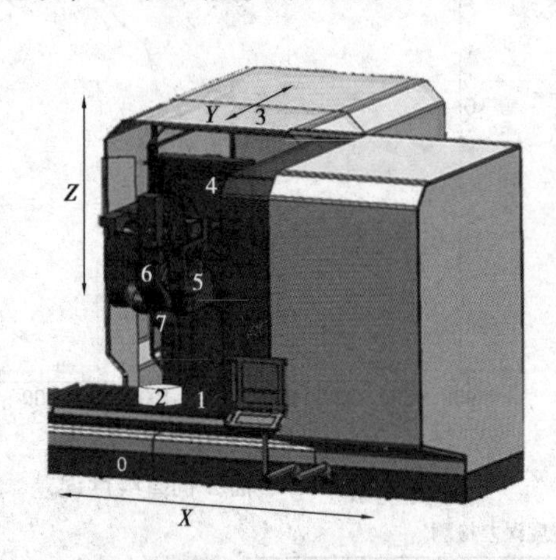

图 6.12 双摆头式五轴数控机床结构示意图

0—床身;1—X 导轨;2—工件;3—Y 导轨;

4—Z 导轨;5—B 摆头;6—A 摆头;7—刀具

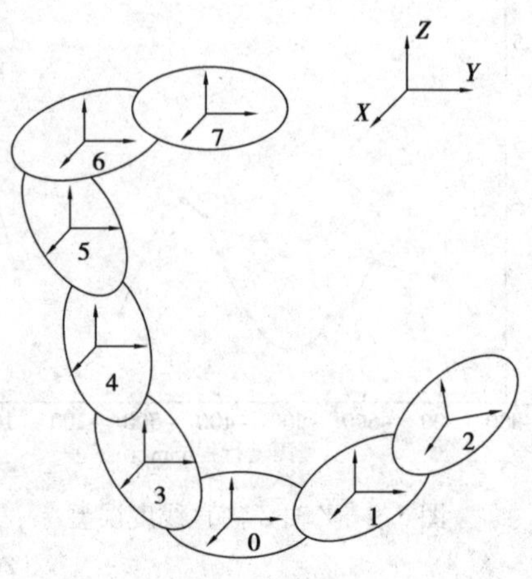

图 6.13 双摆头式五轴数控机床拓扑结构

表 6.1 双摆头式五轴数控机床低序体阵列

典型体(j)	1	2	3	4	5	6	7
$L^0(j)$	1	2	3	4	5	6	7
$L^1(j)$	0	1	0	3	4	5	6
$L^2(j)$	0	0	0	0	3	4	5
$L^3(j)$	0	0	0	0	0	3	4
$L^4(j)$	0	0	0	0	0	0	3
$L^5(j)$	0	0	0	0	0	0	0

表 6.2　双摆头式五轴数控机床自由度

相邻体	X	Y	Z	α	β	γ
0-1	1	0	0	0	0	0
1-2	0	0	0	0	0	0
0-3	0	1	0	0	0	0
3-4	0	0	1	0	0	0
4-5	0	0	0	0	1	0
5-6	0	0	0	1	0	0
6-7	0	0	0	0	0	0

6.2.2　特征矩阵

在多体系统中，用 T_{ij} 来描述各相邻低序体的理想静止和运动矩阵，用 ΔT_{ij} 来描述实际静止和运动误差矩阵。基于这些定义和运动理论，可以得到任意两个相邻低序体之间的特征矩阵。双摆头式五轴数控机床各相邻低序体之间的特征矩阵见表 6.3。

表 6.3　双摆头式五轴数控机床的特征矩阵

相邻体	体间理想静止、运动特征矩阵	体间静止、运动误差特征矩阵
0-1	$T_{01p}=I_{4\times 4}$	$\Delta T_{01p}=I_{4\times 4}$
	$T_{01s}=\begin{bmatrix}1&0&0&x\\0&1&0&0\\0&0&1&0\\0&0&0&1\end{bmatrix}$	$\Delta T_{01s}=\begin{bmatrix}1&-\Delta\gamma_x&\Delta\beta_x&\Delta x_x\\\Delta\gamma_x&1&-\Delta\alpha_x&\Delta y_x\\-\Delta\beta_x&\Delta\alpha_x&1&\Delta z_x\\0&0&0&1\end{bmatrix}$
1-2	$T_{12p}=\begin{bmatrix}1&0&0&x_{wd}\\0&1&0&y_{wd}\\0&0&1&z_{wd}\\0&0&0&1\end{bmatrix}$	$\Delta T_{12p}=I_{4\times 4}$
	$T_{12s}=I_{4\times 4}$	$\Delta T_{12s}=I_{4\times 4}$
0-3	$T_{03p}=I_{4\times 4}$	$\Delta T_{03p}=\begin{bmatrix}1&-\Delta\gamma_{xy}&0&0\\\Delta\gamma_{xy}&1&0&0\\0&0&1&0\\0&0&0&1\end{bmatrix}$ （$\Delta\gamma_{xy}$ 为 X 轴、Y 轴之间的垂直度误差）
	$T_{03s}=\begin{bmatrix}1&0&0&0\\0&1&0&y\\0&0&1&0\\0&0&0&1\end{bmatrix}$	$\Delta T_{03s}=\begin{bmatrix}1&-\Delta\gamma_y&\Delta\beta_y&\Delta x_y\\\Delta\gamma_y&1&-\Delta\alpha_y&\Delta y_y\\-\Delta\beta_y&\Delta\alpha_y&1&\Delta z_y\\0&0&0&1\end{bmatrix}$

续表

相邻体	体间理想静止、运动特征矩阵	体间静止、运动误差特征矩阵
3-4	$T_{34p}=I_{4\times4}$	$\Delta T_{34p}=\begin{bmatrix}1 & 0 & \Delta\beta_{xz} & 0\\ 0 & 1 & -\Delta\alpha_{yz} & 0\\ -\Delta\beta_{xz} & \Delta\alpha_{yz} & 1 & 0\\ 0 & 0 & 0 & 1\end{bmatrix}$ （$\Delta\beta_{xz}$、$\Delta\alpha_{yz}$分别为 Z 轴与 X、Y 轴之间的垂直度误差）
	$T_{34s}=\begin{bmatrix}1 & 0 & 0 & 0\\ 0 & 1 & 0 & 0\\ 0 & 0 & 1 & z\\ 0 & 0 & 0 & 1\end{bmatrix}$	$\Delta T_{34s}=\begin{bmatrix}1 & -\Delta\gamma_z & \Delta\beta_z & \Delta x_z\\ \Delta\gamma_z & 1 & -\Delta\alpha_z & \Delta y_z\\ -\Delta\beta_z & \Delta\alpha_z & 1 & \Delta z_z\\ 0 & 0 & 0 & 1\end{bmatrix}$
4-5	$T_{45p}=I_{4\times4}$	$\Delta T_{45p}=I_{4\times4}$
	$T_{45s}=\begin{bmatrix}\cos(B) & 0 & \sin(B) & 0\\ 0 & 1 & 0 & 0\\ -\sin(B) & 0 & \cos(B) & 0\\ 0 & 0 & 0 & 1\end{bmatrix}$	$\Delta T_{45s}=\begin{bmatrix}1 & -\Delta\gamma_B & \Delta\beta_B & \Delta x_B\\ \Delta\gamma_B & 1 & -\Delta\alpha_B & \Delta y_B\\ -\Delta\beta_B & \Delta\alpha_B & 1 & \Delta z_B\\ 0 & 0 & 0 & 1\end{bmatrix}$
5-6	$T_{56p}=I_{4\times4}$	$\Delta T_{56p}=I_{4\times4}$
	$T_{56s}=\begin{bmatrix}1 & 0 & 0 & 0\\ 0 & \cos(A) & -\sin(A) & 0\\ 0 & \sin(A) & \cos(A) & 0\\ 0 & 0 & 0 & 1\end{bmatrix}$	$\Delta T_{56s}=\begin{bmatrix}1 & -\Delta\gamma_A & \Delta\beta_A & \Delta x_A\\ \Delta\gamma_A & 1 & -\Delta\alpha_A & \Delta y_A\\ -\Delta\beta_A & \Delta\alpha_A & 1 & \Delta z_A\\ 0 & 0 & 0 & 1\end{bmatrix}$
6-7	$T_{67p}=\begin{bmatrix}1 & 0 & 0 & 0\\ 0 & 1 & 0 & 0\\ 0 & 0 & 1 & -L\\ 0 & 0 & 0 & 1\end{bmatrix}$	$\Delta T_{67p}=I_{4\times4}$
	$T_{67s}=I_{4\times4}$	$\Delta T_{67s}=I_{4\times4}$

6.2.3 理想成形函数

设刀具的成形点在刀具坐标系统中的坐标为

$$P_t=[p_x\quad p_y\quad p_z\quad 1]^{\mathrm{T}} \tag{6.8}$$

刀具成形点在工件坐标系统中的理想成形函数为

$$P_{\mathrm{Wideal}}=\left[\prod_{u=n,L^n(2)=0}^{u=1}T_{L^u(2)L^{u-1}(2)p}T_{L^u(2)L^{u-1}(2)s}\right]^{-1}\left[\prod_{t=n,L^n(7)=0}^{t=1}T_{L^t(7)L^{t-1}(7)p}T_{L^t(7)L^{t-1}(7)s}\right]P_t \tag{6.9}$$

6.2.4 实际成形运动函数

在实际加工过程中，刀具成形点在工件坐标系内的实际成形函数为

$$P_W = \left[\prod_{u=n, L^n(2)=0}^{u=1} T_{L^u(2)L^{u-1}(2)p} T_{L^u(2)L^{u-1}(2)s} \Delta T_{L^u(2)L^{u-1}(2)p} \Delta T_{L^u(2)L^{u-1}(2)s}\right]^{-1}$$
$$\left[\prod_{t=n, L^n(7)=0}^{t=1} T_{L^t(7)L^{t-1}(7)p} T_{L^t(7)L^{t-1}(7)s} \Delta T_{L^t(7)L^{t-1}(7)p} \Delta T_{L^t(7)L^{t-1}(7)s}\right] P_t \quad (6.10)$$

即

$$P_W = [T_{12p} \cdot T_{12s} \cdot \Delta T_{12p} \cdot \Delta T_{12s} \cdot T_{01p} \cdot T_{01s} \cdot \Delta T_{01p} \cdot \Delta T_{01s}]^{-1} \cdot$$
$$[T_{67p} \cdot T_{67s} \cdot \Delta T_{67p} \cdot \Delta T_{67s} \cdot T_{56p} \cdot T_{56s} \cdot \Delta T_{56p} \cdot \Delta T_{56s} \cdot T_{45p} \cdot T_{45s}] \cdot$$
$$[\Delta T_{45p} \cdot \Delta T_{45s} \cdot T_{34p} \cdot T_{34s} \cdot \Delta T_{34p} \cdot \Delta T_{34s} \cdot T_{03p} \cdot T_{03s} \cdot \Delta T_{03p} \cdot \Delta T_{03s}] \cdot P_t \quad (6.11)$$

6.2.5 空间误差模型

在刀具的实际成形运动中，刀具成形点的实际位置不可避免地会偏离理想位置，产生空间位置误差 E，刀具成形点的综合空间误差为

$$E = \left[\prod_{u=n, L^n(2)=0}^{u=1} T_{L^u(2)L^{u-1}(2)p} T_{L^u(2)L^{u-1}(2)s} \Delta T_{L^u(2)L^{u-1}(2)p} \Delta T_{L^u(2)L^{u-1}(2)s}\right] P_w -$$
$$\left[\prod_{t=n, L^n(7)=0}^{t=1} T_{L^t(7)L^{t-1}(7)p} T_{L^t(7)L^{t-1}(7)s} \Delta T_{L^t(7)L^{t-1}(7)p} \Delta T_{L^t(7)L^{t-1}(7)s}\right] P_t \quad (6.12)$$

即

$$E = [T_{12p} \cdot T_{12s} \cdot \Delta T_{12p} \cdot \Delta T_{12s} \cdot T_{01p} \cdot T_{01s} \cdot \Delta T_{01p} \cdot \Delta T_{01s}] P_w -$$
$$[T_{67p} \cdot T_{67s} \cdot \Delta T_{67p} \cdot \Delta T_{67s} \cdot T_{56p} \cdot T_{56s} \cdot \Delta T_{56p} \cdot \Delta T_{56s}] \cdot$$
$$[T_{45p} \cdot T_{45s} \cdot \Delta T_{45p} \cdot \Delta T_{45s} \cdot T_{34p} \cdot T_{34s} \cdot \Delta T_{34p} \cdot \Delta T_{34s} \cdot T_{03p} \cdot T_{03s} \cdot \Delta T_{03p} \cdot \Delta T_{03s}] P_t \quad (6.13)$$

根据五轴数控机床的特征矩阵及式(6.12)和式(6.13)，其中心刀具成形点的空间误差计算公式如下：

$$P_{\text{wideal}} = (T_{01p} \cdot T_{01s} \cdot T_{12p} \cdot T_{12s})^{-1} \cdot T_{03p} \cdot T_{03s} \cdot T_{12p} \cdot T_{34p} \cdot T_{34s} \cdot T_{45p} \cdot T_{45s} \cdot P_t$$
$$E = T_{01p} \cdot \Delta T_{01p} \cdot T_{01s} \cdot \Delta T_{01s} \cdot T_{12p} \cdot \Delta T_{12p} \cdot T_{12s} \cdot \Delta T_{12s} \cdot P_{\text{wideal}} -$$
$$T_{03p} \cdot \Delta T_{03p} \cdot T_{03s} \cdot \Delta T_{03s} \cdot T_{12p} \cdot \Delta T_{12p} \cdot T_{12s} \cdot \Delta T_{12s} \cdot T_{34p} \cdot \Delta T_{34p} \cdot$$
$$T_{34s} \cdot \Delta T_{34s} \cdot T_{45p} \cdot \Delta T_{45p} \cdot T_{45s} \cdot \Delta T_{45s} \cdot P_t \quad (6.14)$$

将机床检测得的各项误差值代入式(6.14)，由机床工作空间内各点的理想位置与实际位置的差值可以得到机床工作空间内各点的误差值。

6.2.6 数控机床空间误差预测结果

利用多体系统理论所建立的机床空间误差计算结果如图 6.14—图 6.17 所示。其中，图 6.16 为机床工作空间顶点和对角线交点示意图。图 6.17 为各顶点和对角线交点在 X、Y、Z 3 个方向的误差分量。由图 6.17 可知，机床工作空间区域内在体对角线交点和工作台中心的精度比在各顶点处的精度高，而顶点 6 和顶点 8 在 3 个方向的误差最大，可以根据不同时期机床的检测精度结果，计算机床工作空间的误差和机床目前的精度状况，有针对性地采取措施避免机床精度超差对零件加工的影响。

如图 6.18—图 6.20 所示为 XY 平面在 x、y、z 方向的误差分量 dx、dy、dz。如图 6.21—图 6.23 所示为 YZ 平面在 x、y、z 方向的误差分量 dx、dy、dz。如图 6.24—图 6.26 所示为 XZ 平面在 x、y、z 方向的误差分量 dx、dy、dz。

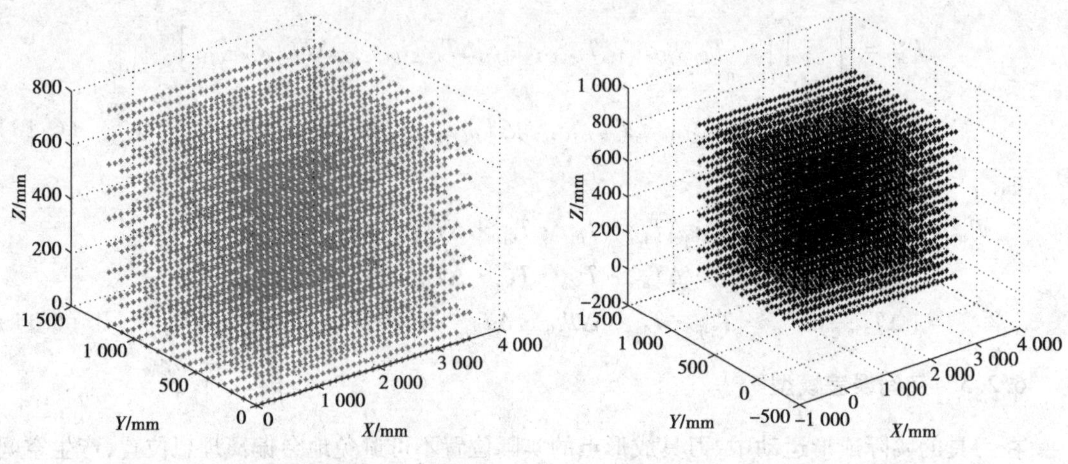

图 6.14　机床工作空间理论位置点　　　　图 6.15　机床工作空间实际位置点

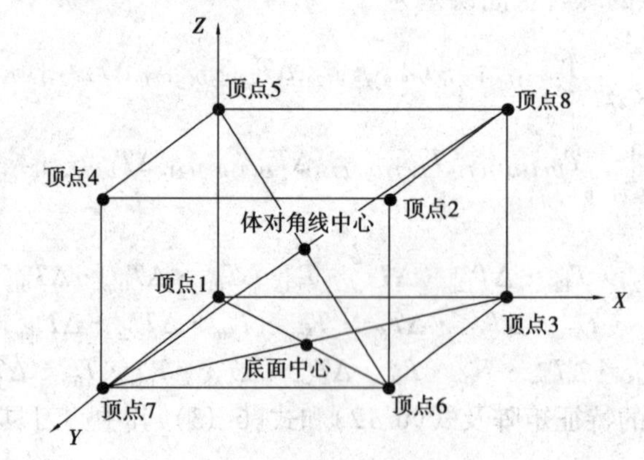

图 6.16　机床工作空间顶点和对角线交点示意图

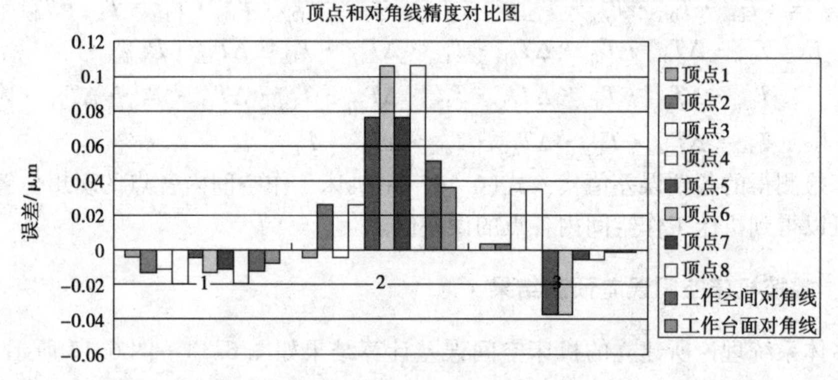

图 6.17　各顶点和对角线交点误差检测结果

1—X 方向;2—Y 方向;3—Z 方向

由图 6.18、图 6.21、图 6.24 可知,在 XY 平面、YZ 平面和 XZ 平面 X 向误差分量的变化趋势一致,误差值的大小都是随着各轴行程的增加而逐渐向正向变大,且 YZ 平面和 XZ 平面 X 向误差分量都是随着 Z 轴行程的增加而逐渐变大,XY 平面 X 向误差分量则随着 Y 轴行程的增加而逐渐变大。

由图 6.19、图 6.22、图 6.25 可知,在 XY 平面、YZ 平面和 XZ 平面 Y 向误差分量的变化趋势一致,误差值的大小都是随着各轴行程的增加而逐渐向负向变大,且 YZ 平面和 XZ 平面 Y

向误差分量都是随着 Z 轴行程的增加而逐渐变大，XY 平面 Y 向误差分量则随着 X 轴行程的增加而逐渐变大。

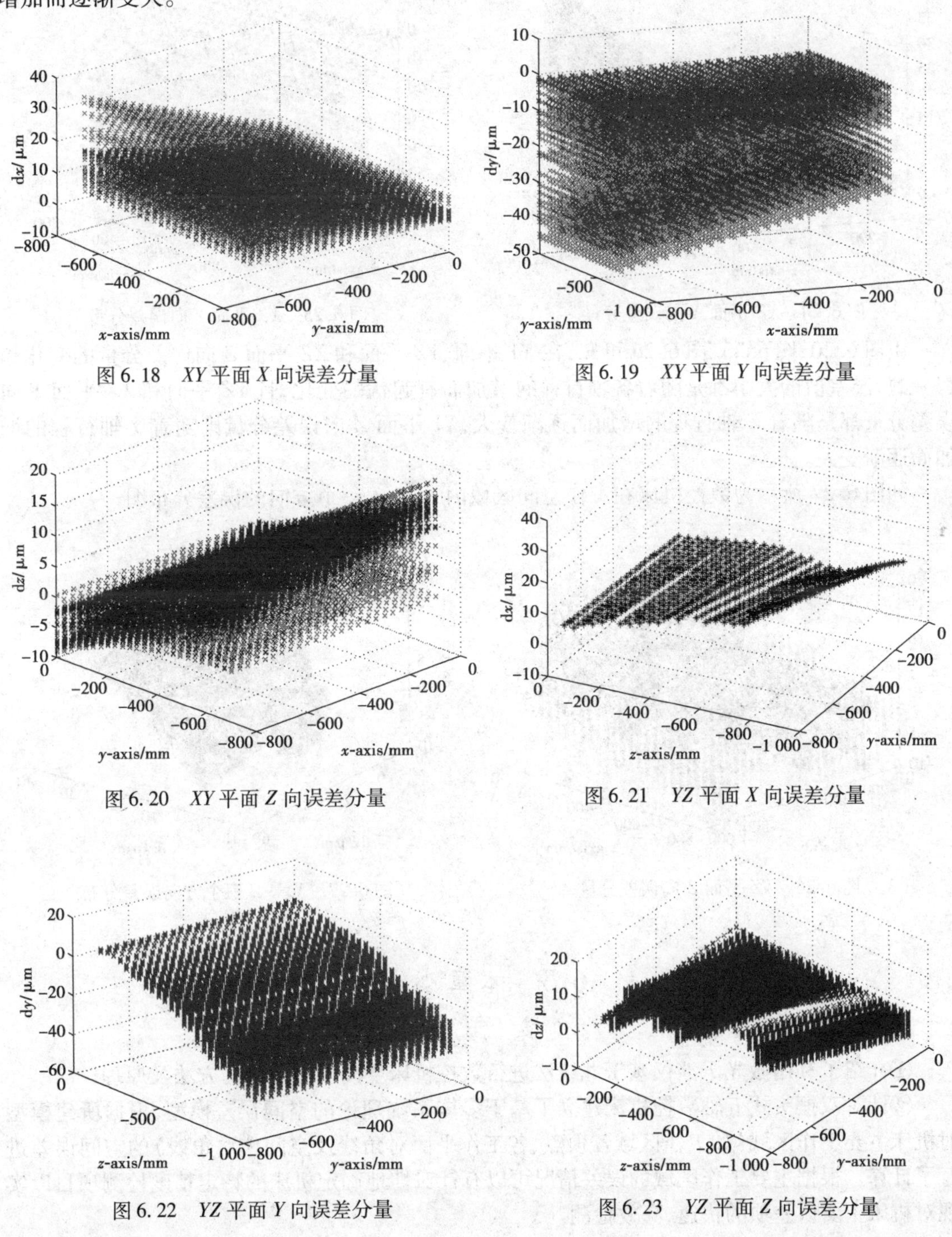

图 6.18　XY 平面 X 向误差分量

图 6.19　XY 平面 Y 向误差分量

图 6.20　XY 平面 Z 向误差分量

图 6.21　YZ 平面 X 向误差分量

图 6.22　YZ 平面 Y 向误差分量

图 6.23　YZ 平面 Z 向误差分量

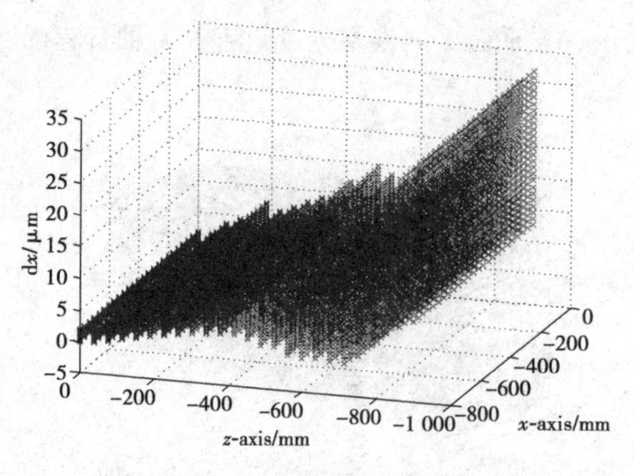

图 6.24　XZ 平面 X 向误差分量

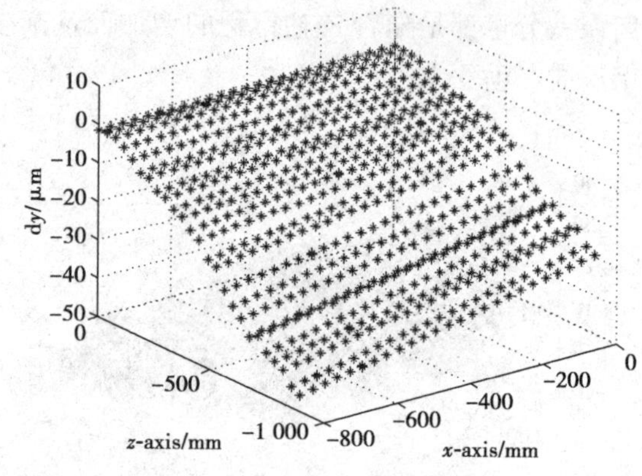

图 6.25　XZ 平面 Y 向误差分量

由图 6.20、图 6.23、图 6.26 可知，在 XY 平面、YZ 平面和 XZ 平面 Z 向误差分量的变化趋势一致，误差值的大小都是随着各轴行程的增加而有起伏的变化，且 YZ 平面和 XZ 平面 Y 向误差分量都是随着 Z 轴行程的增加而逐渐变大，XY 平面 Z 向误差分量则随着 Y 轴行程的增加而逐渐变大。

如图 6.27 所示为数控机床在工作空间区域内 X、Y、Z 三个方向的误差分布图。

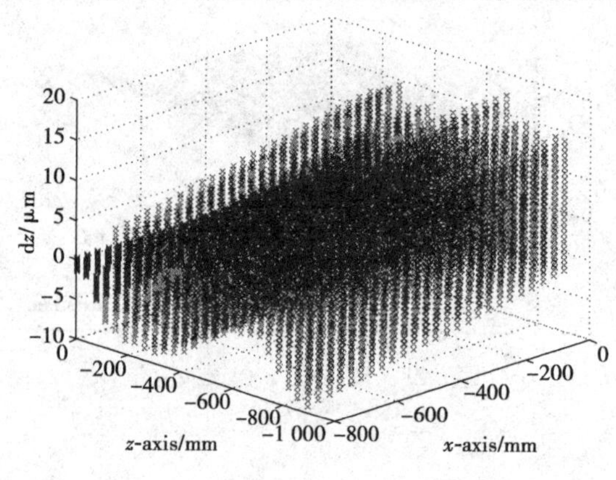

图 6.26　XZ 平面 Z 向误差分量

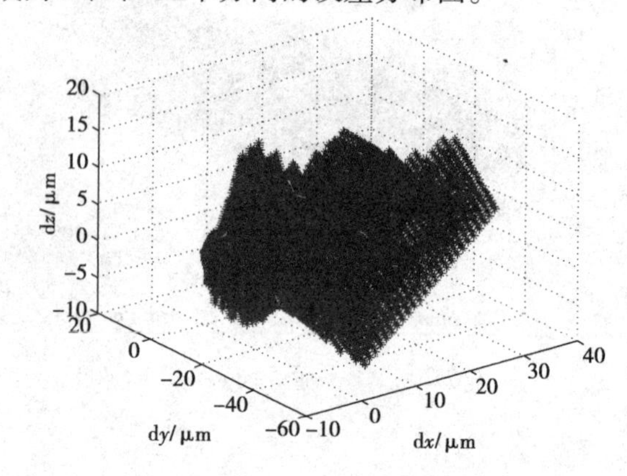

图 6.27　X、Y、Z 三个方向误差分布

6.3　本章小结

①介绍了利用激光干涉仪基于九线法进行数控机床空间误差检测的方法及原理。

②针对双摆头式五轴数控机床建立了基于多体系统理论的空间误差模型，根据所建模型对机床主要工作区域（如工作区域各顶点、各工作平面对角线及空间体对角线）的空间误差进行了计算。根据主要工作区域的误差情况可以有针对性地确定机床的特定精度检测项目以实现对机床主要误差项的快速、高效检测。

③通过所建空间误差模型对数控机床的空间误差进行了预测，计算得出各个平面在 X、Y 和 Z 轴方向的误差分量，并对误差结果进行分析说明。

④本书所建立的预测模型可用于类似结构的数控机床，该模型的建立为下一步的数控机床误差补偿提供了条件。

7 数控机床圆度误差检测与误差分离方法

目前,大多数数控机床的数控系统都是闭环或半闭环控制,即利用反馈信号对机床的运动部件进行控制。其中的检测装置是数控机床闭环伺服系统的重要组成部分,检测装置的精度也影响数控机床的加工精度。本章首先对数控机床圆度误差检测中各误差源的轨迹模式进行分类介绍,根据机床运行轨迹与各误差源之间的关系,进行误差分离算法的推导。其次利用光栅尺位移传感器和球杆仪对数控机床进行两轴联动的圆度误差检测,通过对两种检测结果进行对比,进一步分析数控机床的主要误差源,根据两种检测方法各自的优缺点,选择在不同的场合下进行机床圆误差的检测。最后根据用户的需求,开发数控机床圆度误差分离模块。

7.1 误差源的轨迹模式及误差传递函数

在机床的圆检测过程中,各种误差的存在都会影响最终的检测结果,根据各种误差对最终的检测结果影响程度的大小,可以判断机床主要受哪些误差因素的影响,从而采取相应的对策减小或消除误差,提高机床的运动精度。对于大多数误差源来说,误差产生的原因与其轨迹模式是一一对应的,但实际上也存在许多误差拥有相同的轨迹模式的情况,此时就需要根据机床的结构及控制系统的特征来进行具体的分析,不能一概而论。影响机床精度的因素很多,本书仅对常见的误差源进行分析,根据其轨迹模式推导其误差传递函数。

根据 Jae Pahk H 的定义,圆轨迹误差信号 ΔR 可表示为

$$\Delta R = \frac{1}{R}(C_x X + C_y Y + C_z Z) \tag{7.1}$$

其中,R 和 ΔR 分别表示理论圆半径和实际圆半径的偏差,(X,Y,Z) 分别表示圆上某一点的瞬时坐标,(C_X,C_Y,C_Z) 表示机床在 (X,Y,Z) 点的误差向量。式(7.1)为各种误差源与误差轨迹之间的误差传递函数。

7.1.1 周期误差及传递函数

如果 X 轴存在周期误差 $a\ \sin\left(\frac{2\pi X}{P}+\phi x\right)$,其中 P(mm)为直线光栅栅距(或滚珠丝杠螺

距)，a(μm)为振幅，ϕx 为相位。

轨迹模式如图 7.1 所示，周期误差所产生的 X 轴的定位误差 e_{xX} 为

$$e_{xX} = a \sin\left(\frac{2\pi X}{P} + \phi x\right) = -Cx$$

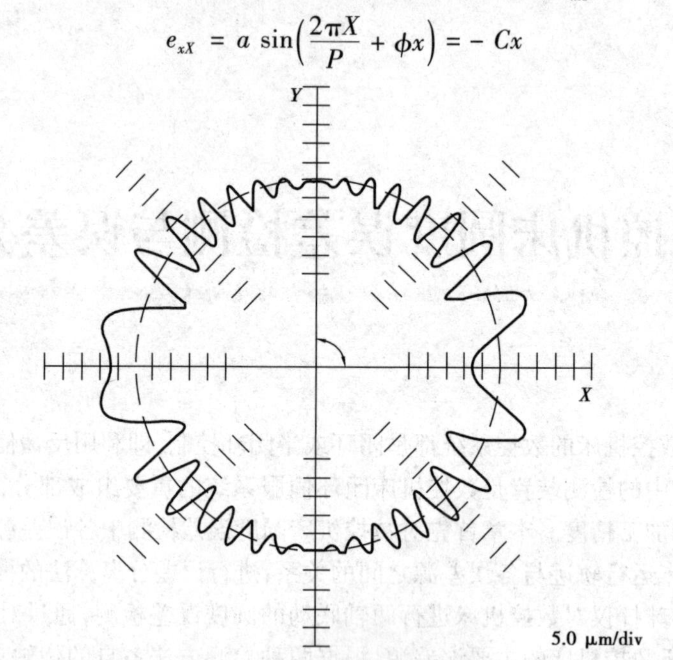

图 7.1　X 轴周期误差轨迹模式

将 Cx 代入式(7.1)得

$$\begin{aligned}\Delta R &= \frac{1}{R}\left[a \sin\left(\frac{2\pi X}{P} - \phi x\right)R \cos\theta + C_y Y + C_z Z\right] \\ &= a \cos\theta \sin\left(\frac{2\pi X}{P} - \phi x\right)\end{aligned} \tag{7.2}$$

7.1.2　反向间隙误差及传递函数

若 X 轴存在反向间隙 a(μm)，其中 X 轴在正向进给时，$e_{xX}(+) = \frac{a}{2}$，反向进给时，$e_{xX}(-) = -\frac{a}{2}$，则反向间隙误差所产生的 X 轴的定位误差 e_{xX} 为

$$e_{xX} = \pm\frac{a}{2} = Cx$$

将 Cx 代入式(7.1)得

$$\begin{aligned}\Delta R &= \frac{1}{R}\left(\pm\frac{a}{2}R \cos\theta + C_y Y + C_z Z\right) \\ &= \pm\frac{a}{2}\cos\theta\end{aligned} \tag{7.3}$$

式(7.3)中的正负号根据运动方向的不同而不同，正向进给时取负号，负向进给时取正号，其轨迹模式如图 7.2 所示。

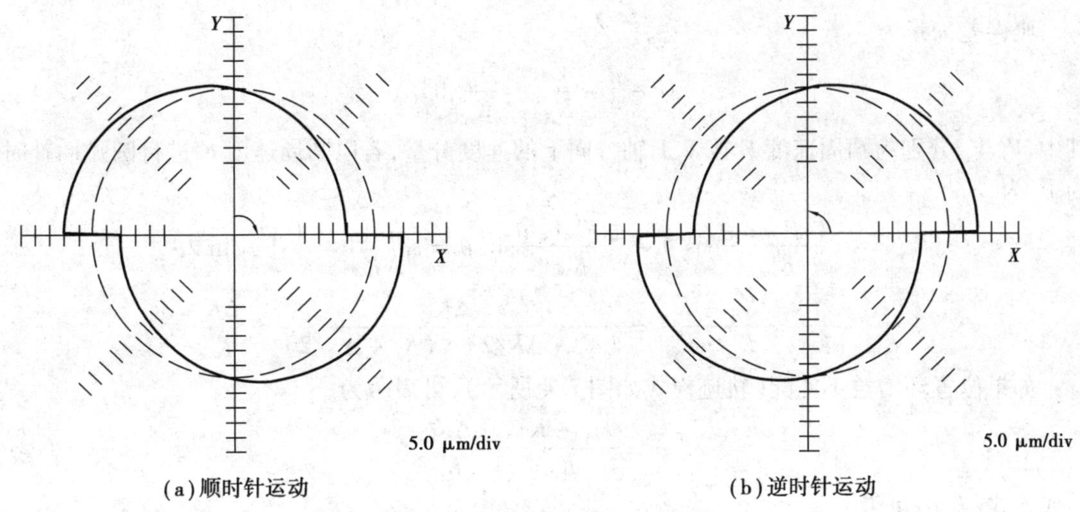

(a)顺时针运动　　(b)逆时针运动

图 7.2　反向间隙误差轨迹模式

7.1.3　垂直度误差及传递函数

若 Y 轴从垂直于 X 轴的方向顺时针倾斜一个微小角度 c(图 7.3),该垂直度误差的存在,使 Y 轴运动过程中会在 X 轴方向出现误差 e_{xY}:

$$e_{xY} = (-Y)\cdot\tan(c) \approx -cY$$

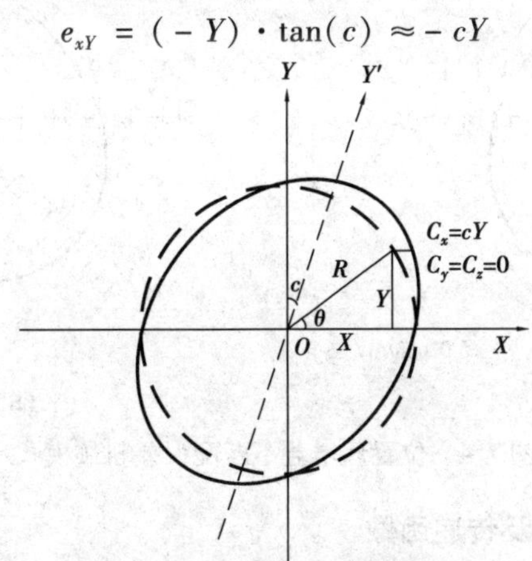

图 7.3　垂直度误差轨迹模式

将 e_{xY} 代入式(7.1)得

$$\Delta R = \frac{1}{R}(cR\sin\theta R\cos\theta + C_yY + C_zZ) = \frac{cR}{2}\sin 2\theta \tag{7.4}$$

7.1.4　位置环增益不匹配误差及传递函数

如果 X 轴位置环增益 K_{sx}(1/sec)与 Y 轴位置环增益 K_{SY}(1/sec)之间有微小的差 ΔK_s,考虑到 $K_{sx}=K_s-\Delta K_s/2$, $K_{sy}=K_s+\Delta K_s/2$ 的场合,则 X、Y 轴的跟随误差为

$$e_{xX} = \frac{V_x}{K_{sx}}, e_{yY} = \frac{V_y}{K_{sy}}$$

则误差矢量为

$$C = \left(-\frac{V_x}{K_{sx}}, -\frac{V_y}{K_{sy}}, 0\right)$$

其中,V_x、V_y 分别为圆周速度 F 在 X、Y 轴方向上的速度分量,若以圆周速度 F' 进行圆弧插补时的 V_x 为

$$V_x = -\frac{\mp F'\sin\theta}{K_{sx}}\cos\theta - \frac{\pm F'\cos\theta}{K_{sy}}\sin\theta = \pm\left(\frac{1}{K_{sx}} - \frac{1}{K_{sy}}\right)\frac{F'}{2}\sin 2\theta$$

$$\frac{1}{K_{sx}} - \frac{1}{K_{sy}} = \frac{K_{sy} - K_{sx}}{K_{sx} \cdot K_{sy}} = \frac{\Delta K_s}{(K_s - \Delta K/2) \cdot (K_s + \Delta K/2)} \approx \frac{\Delta K_s}{K_s^2}$$

如果位置环增益不匹配(轨迹模式如图 7.4 所示),可表示为

$$\varepsilon = \frac{K_{sy} - K_{sx}}{K_s} = \frac{\Delta K_s}{K_s}$$

则代入式(7.1)可得

$$\Delta R = \pm\frac{\varepsilon F'}{2K_s}\sin 2\theta \tag{7.5}$$

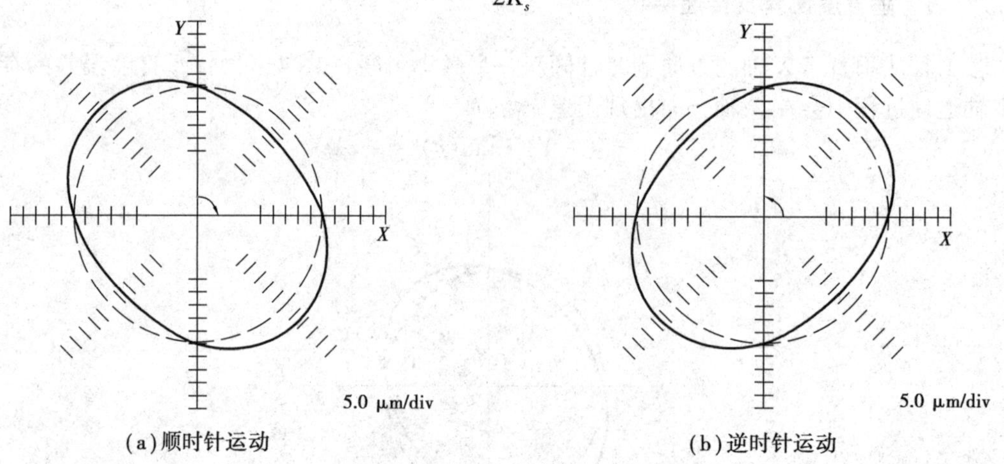

图 7.4 位置环增益不匹配误差轨迹模式

7.1.5 比例不匹配误差及传递函数

机床在两轴或多轴联动时,某一轴相对于另一轴或其他轴运行过长或运动短时,即出现比例不匹配误差,其轨迹模式如图 7.5 所示。比例不匹配误差与运动方向和进给率大小无关,其轨迹呈椭圆或花生形状。由图 7.5 可知,当 X、Y 轴存在比例不匹配误差时,相当于 X 轴以一定伸缩率 α 伸长,而 Y 轴以一定伸缩率 b 缩短,则 X 轴存在沿 X 方向的定位误差 e_{xX},而 Y 轴存在沿 Y 方向的定位误差 e_{yY}。

$$e_{xX} = a(-X)$$
$$e_{yY} = b(-Y)$$

则误差矢量为 $C = (aX, bY, 0)$

将上式代入式(7.1)得

$$\begin{aligned}\Delta R &= \frac{1}{R}(aR^2\cos^2\theta + bR^2\sin^2\theta + C_z Z)\\ &= R(a\cos^2\theta + b\sin^2\theta)\end{aligned} \tag{7.6}$$

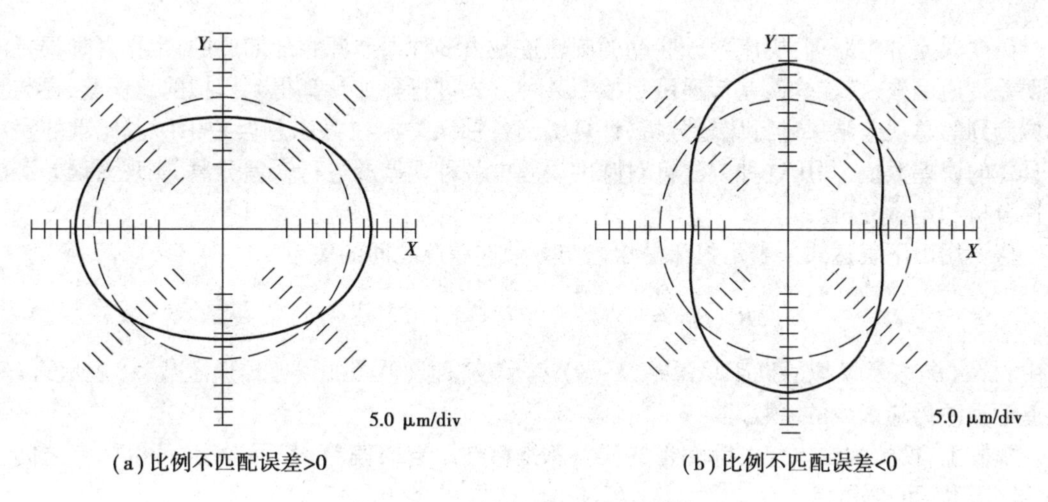

(a)比例不匹配误差>0　　(b)比例不匹配误差<0

图 7.5　比例不匹配误差轨迹模式

7.2　圆度误差检测误差分离

机床两轴联动的误差圆轨迹是由各种误差源按一定的比例叠加而形成的。如图 7.6 所示,其中图 7.6(a)是存在比例不匹配误差的圆轨迹,图 7.6(b)是存在垂直度误差的圆轨迹,图 7.6(c)是 X 轴存在周期误差的圆轨迹,图 7.6(d)是在 3 种误差作用下的综合圆误差轨迹。

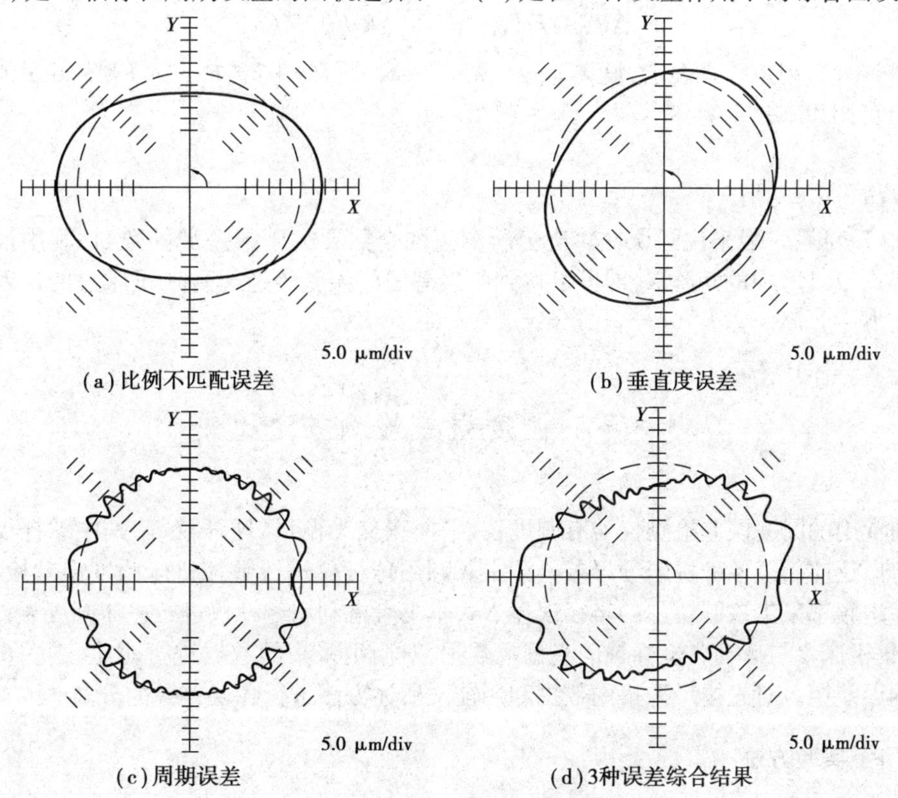

(a)比例不匹配误差　　(b)垂直度误差

(c)周期误差　　(d)3种误差综合结果

图 7.6　各种误差作用下的综合误差轨迹

圆度误差分离原理:机床两轴联动的圆轨迹是由多种误差源叠加而成的,根据各种误差源的误差传递函数,将这些误差传递函数按照某种方式进行叠加计算得到模拟的总误差,再与实际检测到的总误差结果进行比较分析,计算得到各种误差源在机床总误差中所占比重的大小及具体的误差数值,利用这种方法可对圆度误差中各种误差源进行误差分离,实现对误差源的定性分析和定量分析。

假设用以下表达式来表示机床总误差与各种误差源之间的关系

$$\Delta R_k(\theta) = \sum_{i=1}^{n} \lambda_i F_i(\theta) \quad (i = 1,2,\cdots,n) \tag{7.7}$$

其中,$\Delta R_k(\theta)$表示模拟的机床总误差,$F_i(\theta)$表示第i种误差源的误差传递函数,λ_i表示第i种误差源误差传递函数的系数。

实际上,模拟的误差与实际测得的误差总是存在一定的偏差,若用$E(\theta)$可以两者之间偏差的平方和,可表示为

$$E(\theta) = \sum [\Delta R(\theta) - \Delta R_k(\theta)]^2 = \sum [\Delta R(\theta) - \lambda_i F_i(\theta)]^2 \tag{7.8}$$

其中,$\Delta R(\theta)$为实际测得的总误差。

利用最小二乘法原理,式(7.8)两边对E微分并最小化可得

$$\frac{\partial E(\theta)}{\partial \lambda_i} = 2\sum (\Delta R(\theta) - \Delta R_k(\theta)) \frac{\partial \Delta R_k(\theta)}{\partial \lambda_i} = 0 \tag{7.9}$$

由式(7.7)可得$\frac{\partial \Delta R_k(\theta)}{\partial \lambda_i} = F_i(\theta)$,代入式(7.9)可得

$$\sum \Delta R(\theta) F_i(\theta) = \sum \Delta R_k(\theta) F_i(\theta) \tag{7.10}$$

若式(7.10)用矩阵来表示,设$X = [\lambda_1, \lambda_2, \cdots, \lambda_n]^{\mathrm{T}}$,$U = [F_1, F_2, \cdots, F_n]^{\mathrm{T}}$,由式(7.7)则式(7.10)可用矩阵表示为

$$AX = B \tag{7.11}$$

其中,$A = UU^{\mathrm{T}}$,$B = \Delta RU$。

对式(7.11),一般来说圆误差轨迹上所测点的个数要大于误差源的数目,利用最小二乘法可求得式(7.11)中的矩阵X,即可以得到各误差源的误差传递函数在机床总的误差中所占比重的大小。

7.3 不同圆度误差检测方法比较

目前常用的圆度误差检测仪器有圆度仪、平面正交光栅尺、球杆仪等,其中球杆仪以其自身的优势广泛应用于各种机床圆误差检测中。利用球杆仪进行数控机床圆度误差检测时,球杆仪以一定频率采集该圆轨迹的半径误差ΔR,本书考虑利用球杆仪进行机床圆度误差检测的同时,采集机床参与运动各坐标轴的光栅尺数据,对两组采集的数据进行对比,进一步分析数控机床的误差源。对光栅尺采集的数据利用前文所述方法进行各误差源的分离。

7.3.1 实验方法

针对实验对象机床之一 V51030ABJ 五轴立式加工中心利用 Renishaw 公司的 QC10 球杆

仪进行XY平面在不同半径和不同进给速度下的圆误差检测。

V51030ABJ 五轴立式加工中心结构模型如图 6.12 所示，该加工中心是中国航空工业集团公司北京航空制造工程研究所（原中航总第 625 所）针对钛合金、合金钢等难加工材料，结合国内航空结构件加工特点及加工条件设计制造的。机床具有高刚性、高精度、高可靠性等特点，适合加工各种复杂型面高强度航空结构件。其中，工作台的移动距离（X 轴行程）为 3 500 mm，滑板前后移动的距离（Y 轴行程）为 1 200 mm，滑枕上下移动的距离（Z 轴行程）为 800 mm。

利用光栅尺进行 X、Y 轴运动误差数据采集的原理图如图 7.7 所示。V51030ABJ 五轴立式加工中心 XY 轴圆度误差检测的半径分别为 150 mm、250 mm，进给速度分别为 1 000 mm/min、3 000 mm/min和 5 000 mm/min。在利用球杆仪进行圆度误差检测的同时，采集参与运动 X、Y 轴光栅尺的误差数据。

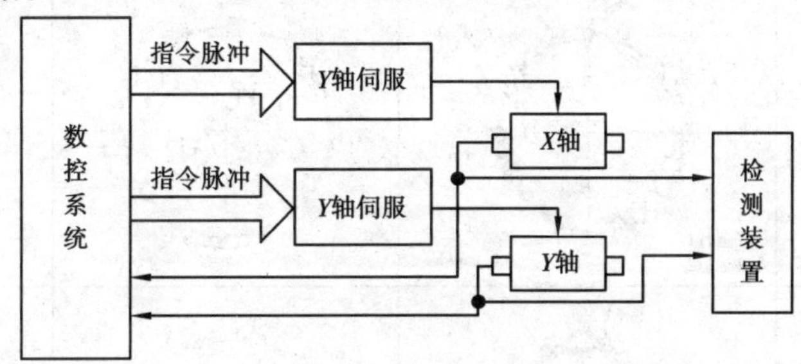

图 7.7　光栅尺检测原理图

7.3.2　检测结果对比分析

表 7.1 分别为利用球杆仪在指定条件下的检测结果，及所采集的 X、Y 轴光栅尺的误差数据在极坐标上绘制出来的结果。

由表 7.1 可知：

(1)*在误差大小方面*

球杆仪检测的误差值比光栅尺检测的误差值略大。原因分析如下：

①由于检测过程中球杆仪两端的圆球一端固定在主轴上（刀尖处），另一端固定在工作台上，因此球杆仪检测的是机床末端的综合误差，如果机床导轨的刚性不足，必然引起变形误差。

②由于光栅尺在数控系统中是位置检测的反馈元件，因此球杆仪的检测结果中必然包含光栅尺自身的检测误差。

③在利用光栅尺进行误差检测时，首先假设参与运动的两个坐标轴之间不存在垂直度误差，而球杆仪的检测结果中可能包含有两轴之间的垂直度误差，检测结果可能比光栅尺检测结果误差大。

(2)*在主要误差源方面*

①从两种检测结果可知，光栅尺与球杆仪检测结果的圆轨迹图像比较相似，尤其是机床在 X、Y 轴换向时产生的反向越冲误差，两者测得的误差的方向和大小基本相等。光栅尺检测的误差结果中基本上包含了机床存在的主要误差项。

②从球杆仪测得的图像可知，其中正反转的轨迹图像有明显的分离，而且基本上都是逆时针测得的图像在顺时针图像的内部，说明机床的导轨可能存在间隙或松动，机床在做换向运动时出现垂直于导轨方向的运动而引起机床的横向间隙误差，而相同条件下光栅尺检测结果图像中并未出现这种现象，由此进一步验证了球杆仪的检测得到的误差值比光栅尺稍大的说法。

表 7.1　误差检测结果对比

半径 /mm	进给速度 /(mm · min^{-1})	球杆仪检测结果 /(5 μm · div^{-1})	光栅尺检测结果/(5 μm · div^{-1})	
			逆时针	顺时针
150	1 000	+Y +X 运行1 运行2 5.0 μm/div	Y1 X1	Y1 X1
	3 000	+Y +X 运行1 运行2 5.0 μm/div	Y1 X1	Y1 X1
	5 000	+Y +X 运行1 运行2 5.0 μm/div	Y1 X1	Y1 X1
250	1 000	+Y +X 运行1 运行2 5.0 μm/div	Y1 X1	Y1 X1
	3 000	+Y +X 运行1 运行2 5.0 μm/div	Y1 X1	Y1 X1
	5 000	+Y +X 运行1 运行2 5.0 μm/div	Y1 X1	Y1 X1

7.3.3　高速小半径圆度误差检测

机床在高速运动时其伺服性能对加工精度影响较大,如伺服不匹配误差,反向越冲误差等误差项,尤其是在直线轴和旋转轴联动及旋转轴与旋转轴的联动的情况下。由于机床在小半径圆弧插补运动时其伺服不匹配及滞后误差较为突出,因此大半径圆弧插补运动时其几何误差更为明显。虽然球杆仪已在数控机床圆度误差检测中得到了广泛应用,但其自身也存在一些缺点,例如,①球杆仪检测方法存在安装误差,且检测所用圆球的精度对检测结果也有影响。②旋转轴联动时检测路径的规划对球杆仪的安装位置要求较高,稍有失误,极易损坏球杆仪元器件。③球杆仪提供的杆长一般为标准杆,如最短的杆长为 50 mm,可检测的半径范围有限。④球杆仪在高速运转时,两端的圆球由于惯性作用,对检测的结果影响较大,且易损坏仪器。而采用光栅尺检测的方法,可以不用考虑这些因素,只需编制相应数控程序进行数据采集即可,同时还可多次采集圆轨迹上数据点进行重复度误差分析。现在大多数控系统都有圆度测试的功能,可以利用该功能进行各种工况下的圆度误差检测,对检测结果可利用本章 7.2 节所述方法进行机床主要误差项的分离。

如图 7.8 所示为实验对象机床 V5 1030 ABJ 在半径分别为 100 mm、500 mm,进给速度为 10 000 mm/min 工况下,所采集 X、Y 轴光栅尺的圆度误差检测结果。

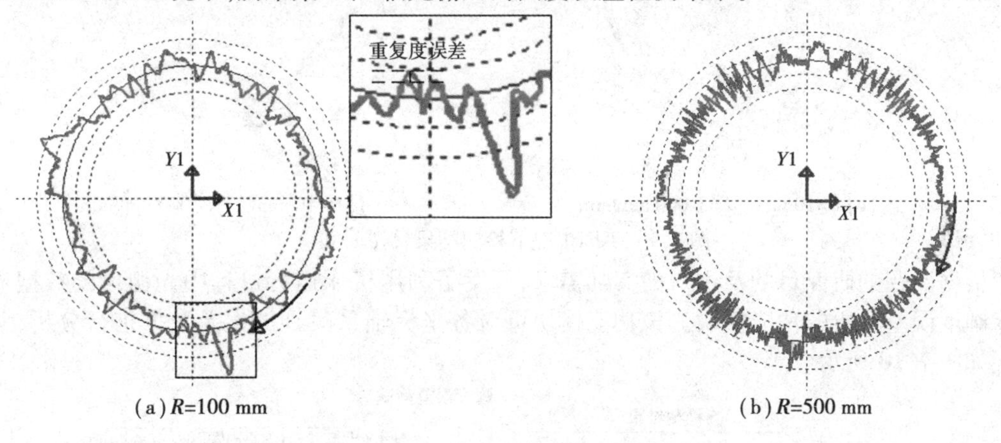

(a) R=100 mm　　(b) R=500 mm

图 7.8　F = 10 000 mm/min 光栅尺检测结果(5 μm/div)

由图 7.8(a)可知,机床 X、Y 轴在半径为 100 mm,进给速度为 10 000 mm/min 时主要表现为两轴间的伺服不匹配误差及 Y 轴的反向跃冲误差。由图 7.8(b)可知,机床 X、Y 轴在半径为 500 mm,进给速度为 10 000 mm/min 时主要表现为反向跃冲误差和反向间隙误差,同时大半径,高进给速度下机床出现振动误差。

如图 7.9 所示为 V5 1030 ABJ 数控机床 X、Z 轴在半径为 3 mm,进给速度分别为 1 000 mm/min、2 000 mm/min工况下的圆度误差检测结果。

由图 7.9 可知,机床 X、Z 轴在 4 种工况下的误差轨迹基本一致,主要表现为伺服不匹配误差和反向越冲误差,只是误差值的大小有所不同,其值随进给速度增加而变大。

7.3.4　圆度检测误差分离功能模块开发

根据检测仪器的特点,不同的检测目的可以选用不同的检测方法。球杆仪的检测方法比较适合于对机床整体性能进行检测,而光栅尺采集数据的方法,因无须另外安装检测仪器,快捷方便,比较适合机床的日常精度检查。

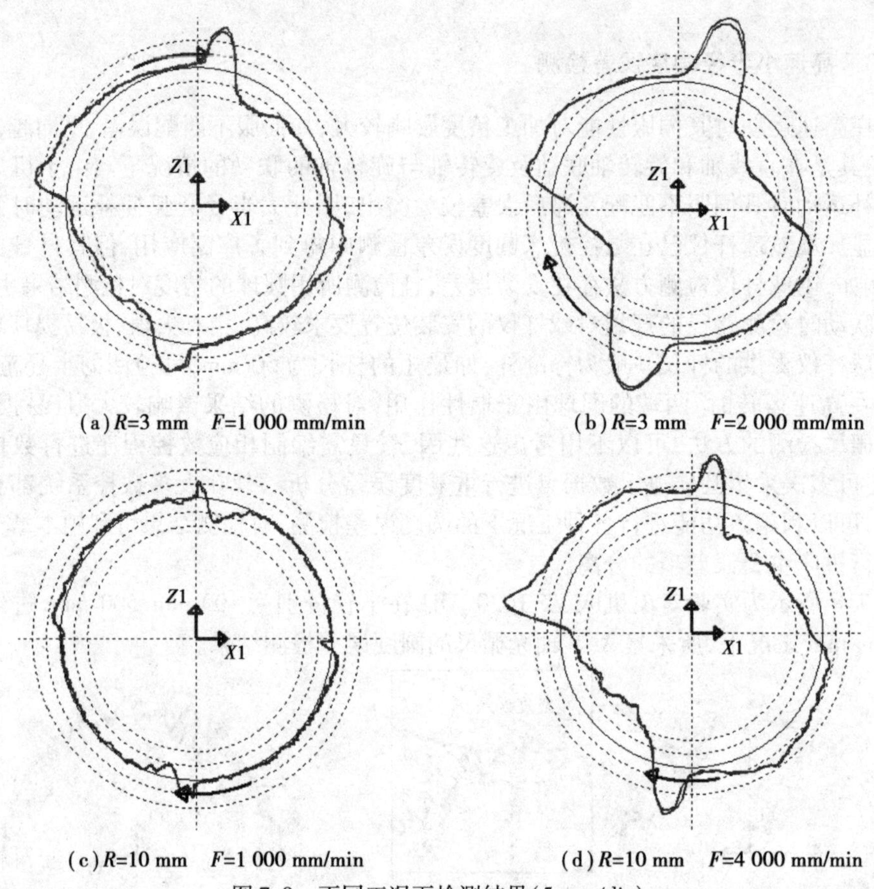

(a) R=3 mm　F=1 000 mm/min　　(b) R=3 mm　F=2 000 mm/min

(c) R=10 mm　F=1 000 mm/min　　(d) R=10 mm　F=4 000 mm/min

图 7.9　不同工况下检测结果(5 μm/div)

根据课题的研究目的及用户的实际需求,开发了利用机床运行过程中光栅尺的数据进行机床圆度误差分析的功能模块。该功能模块可对各坐标轴采集到的误差数据进行分析,其主界面如图 7.10 所示。

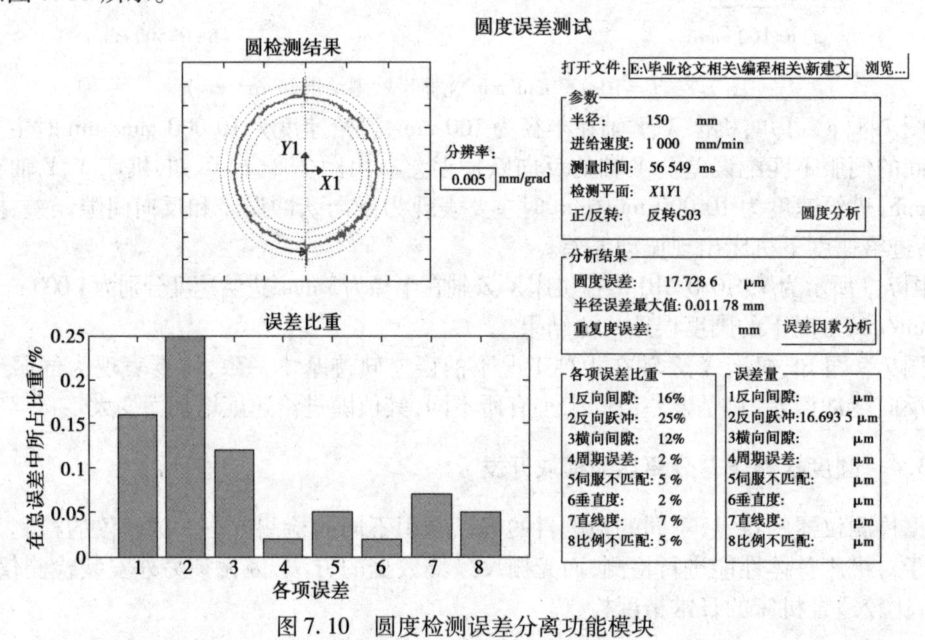

图 7.10　圆度检测误差分离功能模块

该模块中各项误差比重功能是利用本章 7.2 节的方法对检测结果进行误差分离,目前实现了对各项误差进行定性分析,即各种常见的误差在机床圆度误差所占的比重,并对某些项误差进行了定量分析。对于大多数误差源来说,误差原因与其轨迹模式是一一对应的,但也存在多种误差源拥有相同的轨迹模式的情况,且多种误差源相互作用,相互影响,采用本章 7.2 节所述方法分离出的误差与实际误差还存在一定偏差。

7.4　本章小结

①将数控机床圆度误差检测中主要误差源进行了分类介绍,并对部分误差源的误差传递函数进行了推导。

②根据机床插补运动轨迹与各误差源之间的关系,进行误差分离算法的推导,通过求解相应的参数可以得到各种误差源在机床总误差中所占的比重与具体误差值,实现对各种误差源的定性分析和定量分析。

③利用光栅尺位移传感器和球杆仪对数控机床进行两轴联动在不同工况下的圆度误差检测,通过对两种检测方式下检测结果的对比,进一步分析了数控机床的主要误差源。

④根据光栅尺检测的优点,进行了机床两坐标轴在小半径、高速度和大半径、高速度工况下的圆度误差检测。

⑤根据两种检测方法各自的优缺点,可以选择在不同的场合下进行机床圆度误差检测。针对用户对机床日常检测与维护的需求,开发了圆度误差分离功能模块。

8

基于层次分析法的数控机床精度评价系统

数控机床的各项误差对机床的加工精度有不同程度的影响,通过对各种误差源进行检测得到机床的各项误差值。根据机床当前测得的各项误差,如何来判断机床当前的整体精度与可加工能力,则需要对机床的整体精度进行综合评价,判断机床目前的整体精度状况,再进行逐层分析,找出哪些部件的误差对机床整体精度影响较为明显,判断在目前的精度状况下机床的可加工能力及精度未来的变化趋势。利用机床的各项误差进行机床的整体精度评价的过程是一个由下到上、由局部到整体的过程。

本章基于层次分析法的模糊综合评判对机床的精度进行评价,并根据用户需求开发基于J2EE平台的数控机床精度评价系统,实现对实验对象机床的精度进行评价与分析。

8.1 基于层次分析法的模糊综合评判

机床的精度是一个多目标决策问题,可运用多目标多属性的方案评价与决策方法,对机床进行评价和决策,确定机床精度状态。采用层次分析法确定评价指标权重,将评判的主要因素按属性分为若干层,先在每一层内部进行综合评判,再对各层的评判结果进行层次间的高一层次的综合评判,同时运用模糊综合评判方法,求解机床精度评判模型,通过比较其综合精度,对机床精度进行评价。

8.1.1 层次分析法评价步骤

层次分析法是一种定量与定性相结合的系统分析方法,不仅能够有效地对人们的主观判断作客观描述,而且简洁、适用,在对定性事件进行定量分析和模糊评价中,该方法应用比较广泛。

层次分析法的主要步骤如下:

①对构成评价系统的目的、评价指标等要素建立多级评价结构模型。

②对同一级的评价要素以上一级的要素为指标进行两两比较,并根据评价尺度确定其相对重要度,由此建立各个判断矩阵。

③计算各级判断矩阵的特征向量,确定各要素的相对重要度。

④计算综合重要度,对各种方案要素进行排序,从而为决策提供依据。

8.1.2 模糊集理论

在实际生产中,专家通常用精度的好坏等评语来笼统地对机床的综合精度进行判断。这些评语定性地表达了机床精度的等级,但使用这些评语时不可避免地在受到个人主观因素的影响和当时环境的干扰。由于数控机床的精度评价所涉及的指标很多,而且一般是定性的,无法利用定量的方法直接进行对比分析,具有鲜明的模糊特性,因此数控机床的精度评价是一个多层次的模糊综合评判问题。

模糊集合的概念最早是由美国学者 Zadeh 于 1965 年提出的。目前模糊数学理论发展迅速,已在各个领域取得了很大的进展。在机械工程领域如张广鹏基于模糊数学的原理,提出一种机床整机动态特性的评价方法。王桂萍提出应用模糊可拓层次分析法评价数控机床绿色度的方法。刘世豪运用模糊综合评判法对数控机床各项性能指标进行评价研究。本书利用模糊综合评价法对数控机床精度进行全面分析和评价。

8.1.3 多级模糊综合评价

多级模糊综合评价的主要步骤如下:

①将指标集 $X=\{x_1,x_2,x_3,\cdots,x_n\}$ 按属性分为 s 个子集,

$$X_i = \{x_{i1},x_{i2},x_{i3},\cdots,x_{in}\} \quad i = 1,2,\cdots,s \tag{8.1}$$

满足条件:

a. $\sum_{i=1}^{s} n_i = n$;

b. $\sum_{i=1} X_i = X$;

c. $X_i \cap X_j = \phi$。

②对每一子指标 X_i,分别作出综合决策,设 $Y=\{y_1,y_2,\cdots,y_m\}$ 为评价集,X_i 中各指标的权重分配为

$$W_i = (w_{i1},w_{i2},\cdots,w_{in}) \tag{8.2}$$

其中 $\sum_{i=1}^{n_i} w_{ii} = 1$。若 R_i 为单指标矩阵,则一级评判向量为

$$B_i = W \cdot R_i = (b_{i1},b_{i2},\cdots,b_{im}) \quad i = 1,2,\cdots,s \tag{8.3}$$

③将每个 X_i 视为一个指标,记为

$$X = \{X_1,X_2,\cdots,X_s\} \tag{8.4}$$

这样 x 又是一个指标集,X 的单项指标决策矩阵为

$$R = \begin{bmatrix} B_1 \\ B_2 \\ \vdots \\ B_s \end{bmatrix} = \begin{bmatrix} b_{11} & b_{12} & \cdots & b_{1m} \\ b_{21} & b_{22} & \cdots & b_{2m} \\ \vdots & \vdots & & \vdots \\ b_{s1} & b_{s2} & \cdots & b_{sm} \end{bmatrix} \tag{8.5}$$

每个 X_i 作为 X 的一部分,反映了 X 的某种属性,可以按它们的重要性给出权重分配

$$W = (w_1,w_2,\cdots,w_s) \tag{8.6}$$

则二级综合评判向量为

$$B = W \cdot R_i = (b_1, b_2, \cdots, b_m) \tag{8.7}$$

如图 8.1 所示为二级模糊综合评判模型的框图。

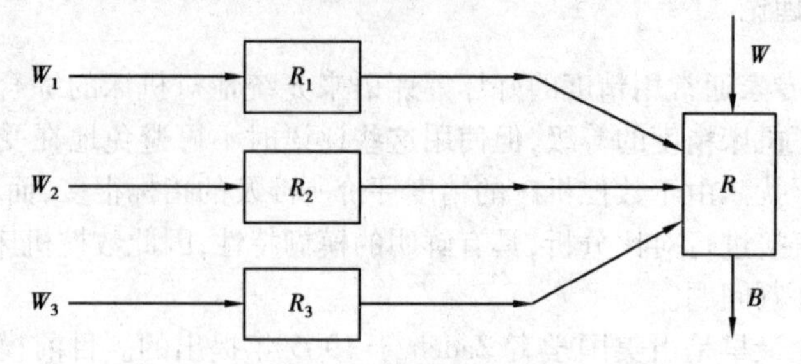

图 8.1　二级模糊综合评判模型

若一级指标集 $X_i, i=1,2,\cdots,s$,仍含有较多的指标项,还可将 X_i 再细分,于是得到三级、四级模糊综合评判模型等更多等级的评判模型。

根据层次分析法和模糊综合评价的数学模型,可建立机床精度的评价模型

$$B = W \cdot R = (w_1 \quad w_2 \quad \cdots \quad w_n)\begin{bmatrix} r_{11} & \cdots & r_{1n} \\ \vdots & & \vdots \\ r_{n1} & \cdots & r_{nn} \end{bmatrix} = \sum_{i=1}^{n} w_i r_{ij} = (b_1 \quad b_2 \quad \cdots \quad b_m) \tag{8.8}$$

式中　B—— 模糊评判集;

W—— 权重集;

R—— 评判矩阵;

W_i—— 影响机床精度的第 i 个精度指标项的权重值,$\sum_{i=1}^{n} w_i$;

r_{ij}—— 第 i 个指标影响第 j 个精度指标项的程度;

$b_j(j = 1,1,\cdots,m)$—— 计算所得的评判结果项。

8.2　精度指标评价体系设计

数控机床精度指标主要分为几何误差、热误差、位置误差、加工误差等指标项。运用层次分析法思想建立了如图 8.2 所示的评价指标体系。数控机床精度评价指标体系分 3 个层次,第一层为总目标因素集 $U=\{U_1,U_2,U_3,U_4\}$;第二层为二级目标因素集 U_i,其中 $U_1=\{U_{11},U_{12},U_{13},U_{14},U_{15},U_{16}\}$,$U_2=\{U_{21},U_{22},U_{23}\}$,$U_3=\{U_{31},U_{32},U_{33},U_{34},U_{35}\}$,$U_4=\{U_{41},U_{42},U_{43}\}$;第三层为三级目标因素集 U_{ij},其中 $U_{11}=\{U_{111},U_{112},U_{113},U_{114},U_{115}\}$,$U_{12}=\{U_{121},U_{122},U_{123},U_{124},U_{125}\}$,$U_{13}=\{U_{131},U_{132},U_{133},U_{134},U_{135}\}$,$U_{14}=\{U_{141},U_{142}\}$,$U_{15}=\{U_{151},U_{152}\}$,$U_{16}=\{U_{161},U_{162},U_{163},U_{164},U_{165}\}$。

如图 8.2 所示,几何误差指标 U_1 中:U_{11}为 X 轴几何误差,U_{12}为 Y 轴几何误差,U_{13}为 Z 轴几何误差,U_{14}为 A 轴几何误差,U_{15}为 B 轴几何定位误差,U_{16}为主轴几何误差;其中 U_{11}包括 U_{111}为 Y 向直线度误差,U_{112}为 Z 向直线度误差,U_{113}为绕 X 轴转角误差,U_{114}为绕 Y 轴转角误差,U_{115}为绕 Z 轴转角误差;U_{12}包括 U_{121}为 X 向直线度误差,U_{122}为 Z 向直线度误差,U_{123}为绕 X 轴转角误差,U_{124}为绕 Y 轴转角误差,U_{125}为绕 Z 轴转角误差;U_{13}包括 U_{131}为 X 向直线度误差,U_{132}为 Y 向直线度误差,U_{133}为绕 X 轴转角误差,U_{134}为绕 Y 轴转角误差,U_{135}为绕 Z 轴转角

误差；U_{14}包括U_{141}为A轴与X轴平行度误差，U_{142}为A轴与YZ平面的垂直度误差；U_{15}包括U_{151}为B轴与Y轴平行度误差，U_{152}为B轴与XZ平面的垂直度误差；U_{16}包括U_{161}为主轴与Z轴在XZ平面平行度误差，U_{162}为主轴与Z轴在YZ平面平行度误差，U_{163}为主轴轴向窜动误差，U_{164}为主轴（近轴端）径向跳动误差，U_{165}为主轴（远轴端）径向跳动误差。

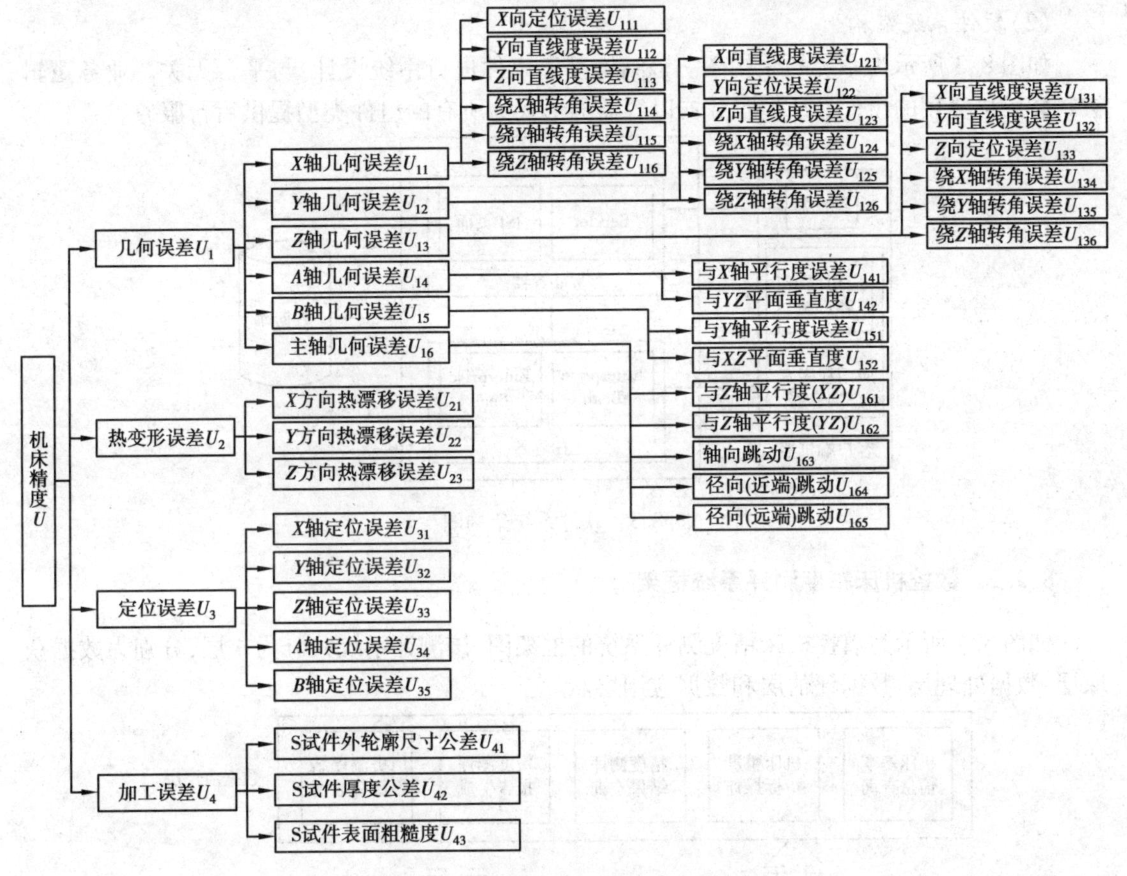

图 8.2　数控机床精度指标评价体系

热变形误差指标U_2中：U_{21}为X向热漂移误差，U_{22}为Y向热漂移误差，U_{23}为Z向热漂移误差。本书所选热误差指标为主轴轴端在X、Y、Z三个方向的热变形。

位置误差指标U_3中：U_{31}为X轴定位误差，U_{32}为Y轴定位误差，U_{33}为Z轴定位误差，U_{34}为A轴定位误差，U_{35}为B轴定位误差。

加工误差指标U_4中：U_{41}为S试件外形轮廓尺寸公差，U_{42}为S试件厚度公差，U_{43}为S试件表面粗糙度。

8.3　基于 J2EE 的数控机床精度测评系统

8.3.1　开发及运行环境

(1)开发环境

本系统使用J2EE作为开发平台，采用MyEclipse 8.0 + Tomcat 5.5进行整体设计。服务器端采用 Java 编写,可直接应用于各种不同的服务器平台之上。数据库采用 Oracle9i 作为数据存储介质。系统环境基于微软 Windows XP/Server 2003,系统架构采用 WEB 方式(B/S 架构)开发,集成平台核心框架与各子系统采用基于 XML Web Services 技术的松散集成方式。系统采用 MVC 架构设计,进一步明晰各层次关系,增强构件可重用度,提高开发效率。

(2)软件系统架构

如图 8.3 所示为系统的架构图。该结构基于组件进行系统设计,与平台无关。业务逻辑被封装成可复用的组件,J2EE 服务器以容器的形式为所有的组件类型提供后台服务。

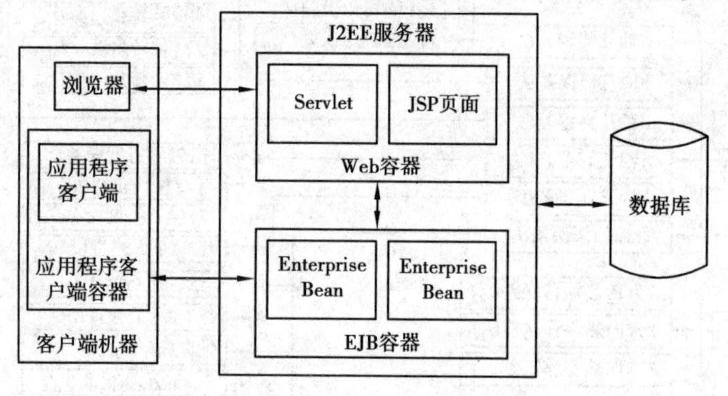

图 8.3 软件系统架构图

8.3.2 数控机床精度测评系统框架

如图 8.4 所示为数控机床精度测评系统的框架图,该测评系统共分为 4 层,分别为数据获取层、数据处理层、数据评估层和数据应用层。

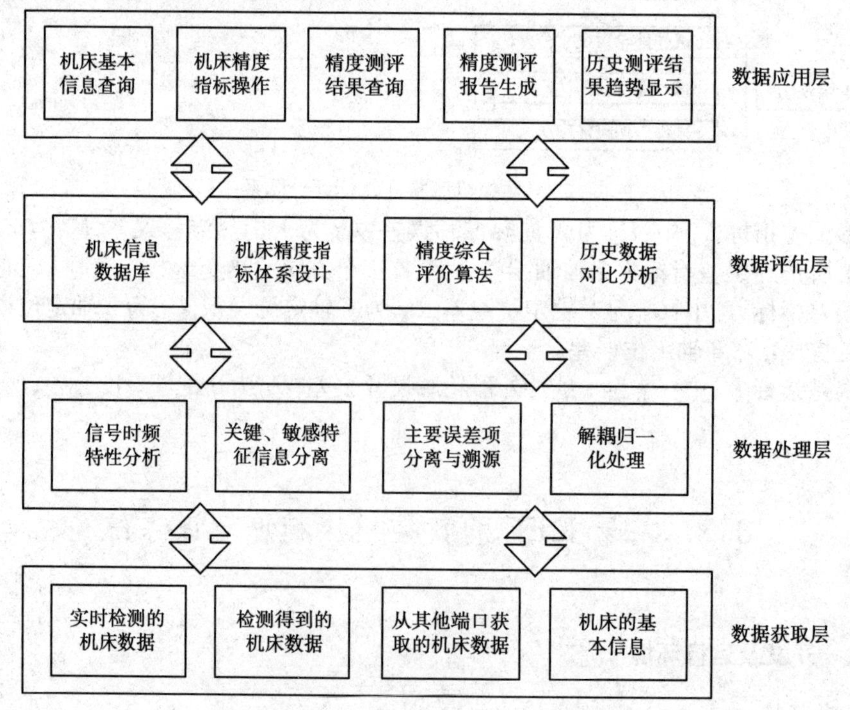

图 8.4 数控机床精度测评系统框架图

①数据获取层主要用于获取机床运动过程中所监测的各类信息,如电流、电压、负载、转速、位移等信号,以及通过相关检测仪器检测得到的机床精度数据。

②数据处理层对底层获取的数据进行初步分析处理,如对电流、电压信号进行时频分析并与机床各部件的工作频率相比较,对机床器件进行故障诊断与分析。对获取的检测数据进行主要误差辨识和分离,并对某些误差值进行归一化处理,如将垂直度误差、周期误差单位量化处理为微米等。

③数据评估层主要利用数据处理层处理的结果,根据设计的机床精度指标集及精度测评算法对机床进行精度评价,并将测评的中间结果及最终结果存储于数据库中,进行历史数据的对比和趋势分析。

④数据应用层主要对机床信息、检测工具、测评指标集等基本信息的可视化显示、测评流程的执行、测评报告的生成、历史数据显示等。

8.3.3 数控机床精度测评系统主要功能

数控机床精度测评系统主要分为五大功能模块:①基础数据浏览与修改模块;②精度数据获取模块;③判断矩阵修改模块;④机床精度评价模块;⑤测评结果显示模块。数控机床精度测评系统的主要功能模块如图 8.5 所示。

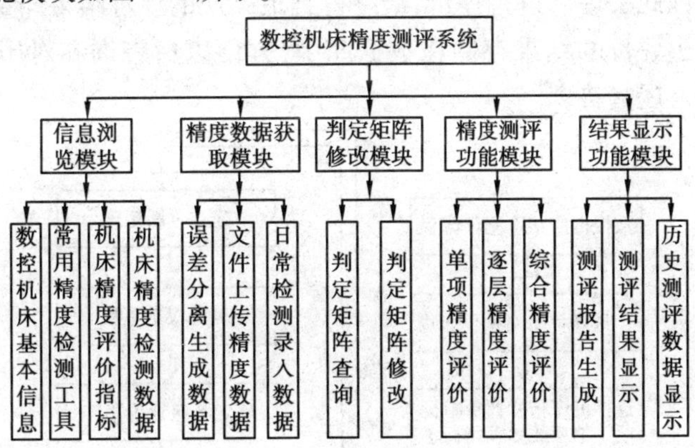

图 8.5　软件功能模型图

(1)信息浏览模块

该模块主要对系统的基础数据进行浏览,还包括对机床信息、检测工具信息、精度指标信息和精度数据信息进行添加、删除和修改等功能。

(2)精度数据获取模块

该模块主要有生成精度数据模版、上传精度数据文件、录入精度数据等功能。

(3)判定矩阵修改模块

该模块可实现对判定矩阵的查询及修改功能,该模块还提供了精度评价指标判定矩阵的修改功能。

(4)精度测评功能模块

该模块主要完成对机床精度数据的评价。利用精度数据获取子模块,用户能够将检测的精度数据存入数据库。该模块还可根据获取的精度数据和所选的精度指标项,对机床的当前精度(包括单项精度和综合精度)按照给定的算法进行评价,并给出评价结果。

(5)结果显示功能模块

该模块能够根据用户的需要,导出各个时间节点的各种精度测评报告、精度对比分析报告和精度改进建议报告,以 PDF、Excel 等满足用户需要的多种文件格式输出,并可在软件操作界面对所评价的结果以及历史数据以图形化方式显示,更方便、直观地指导用户对机床的精度进行调整或维护。

8.3.4 数控机床精度测评流程

对数控机床精度进行评价的流程如图 8.6 所示。进入精度测评模块后选择所评价的对象机床,评价记录的时间为系统当前的时间。针对当前选择的机床确定要评价的精度指标项,可以选择任意多项精度指标进行评价,如果选择单项精度指标进行评价,则未选中的精度指标项其权重系数可设为接近于 0 的数,然后利用 1 ~9 标定法确定各层相邻两个指标项之间的重要性,建立整个评价体系中各层的判断矩阵。对已经确定的判断矩阵求解其最大特征值并进行归一化处理,得到各层的权重系数。由专家组、相关工程人员对低层精度指标进行评价,并对评价结果进行统计和整理得到底层的评价矩阵。在确定了各层的权重系数和评价矩阵后,从低层开始逐层计算各层的评价结果向量,在对上一层进行评价时,其评价矩阵直接利用下层的评价矩阵进行计算,依此法逐层进行评价,最终得到最高层的评价结果向量。本书所开发的精度测评系统,可将每次评价的结果存储在数据库中,方便以后查询和对历史数据进行对比分析,预测机床的精度发展趋势。

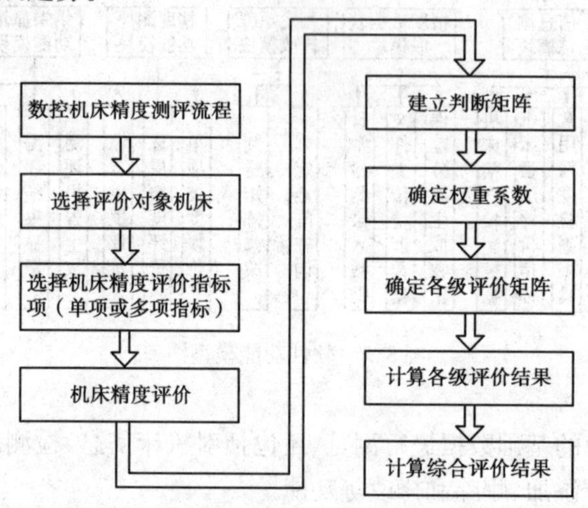

图 8.6 数控机床精度测评流程

8.3.5 数控机床精度测评典型模块运行实例

(1)用户登录

该界面用于保存用户的登录信息并进入该测评系统,如图 8.7 所示。

(2)测评系统主界面

成功登录后进入如图 8.8 所示的系统主界面,主界面左侧的目录是测评系统的主要功能模块,点击某项功能,其主要功能模块界面可在右侧主页面中展现。

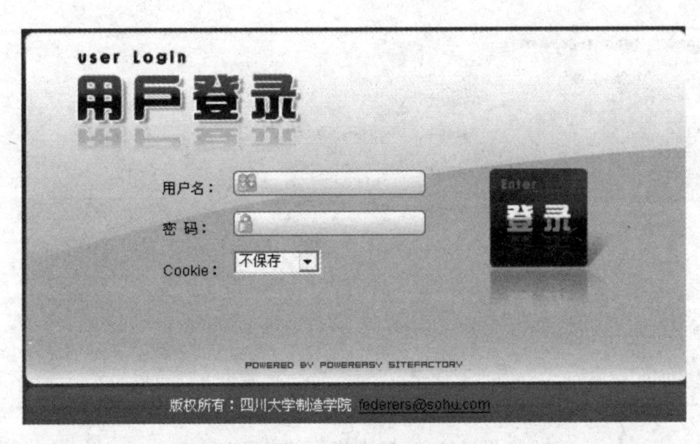

图 8.7　系统登录界面

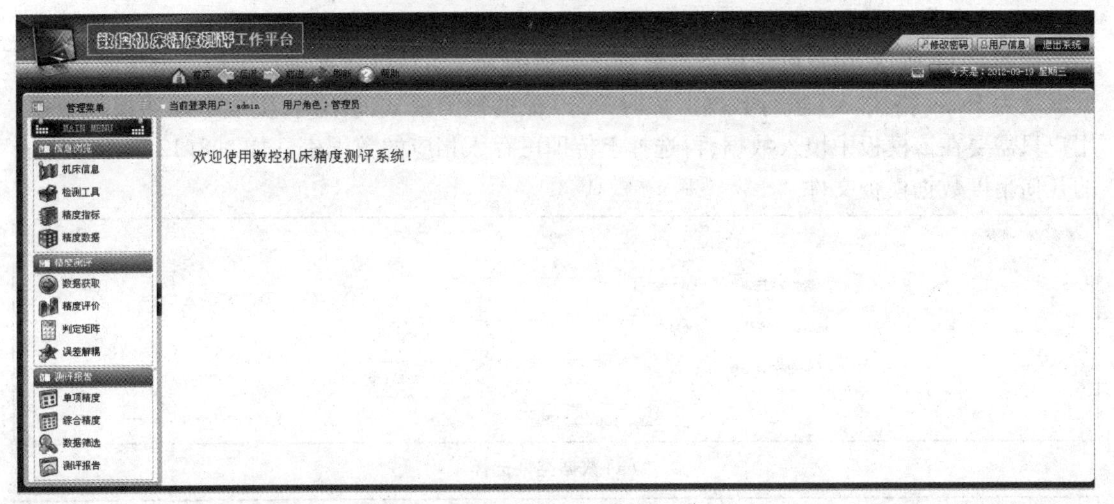

图 8.8　系统主界面

(3)精度指标浏览与修改界面

如图 8.9 和图 8.10 所示为精度指标项的信息浏览和修改界面，通过精度指标修改界面可以实现对所评机床的精度指标项进行添加、删除和修改等操作。

数控机床精度测评工作平台

当前登录用户：admin　用户角色：管理员

你当前的位置：【信息浏览】-【精度指标】

序号	指标代号	所属项目	指标名称	指标标识	权重	检测模式	编辑
1	G01	几何精度	X轴X方向线性位移误差	X轴X方向线性位移误差	0.012	周检项目	
2	G02	几何精度	X轴Y方向直线度误差	null	0.012	日检项目	
3	G03	几何精度	X轴Z方向直线度误差	null	0.012	日检项目	
4	G04	几何精度	X轴绕X向的角位移误差	null	0.012	日检项目	
5	G05	几何精度	X轴绕Y向的角位移误差	null	0.012	日检项目	
6	G11	几何精度	Y轴X方向直线度误差	null	0.012	日检项目	
7	G12	几何精度	Y轴Y方向线性位移误差	null	0.012	日检项目	
8	G13	几何精度	Y轴Z方向直线度误差	null	0.012	日检项目	
9	G14	几何精度	Y轴绕X向的角位移误差	null	0.012	日检项目	
10	G15	几何精度	Y轴绕Y向的角位移误差	null	0.012	日检项目	
11	G21	几何精度	Z轴X方向直线度误差	null	0.012	日检项目	
12	G22	几何精度	Z轴Y方向直线度误差	null	0.012	日检项目	
13	G23	几何精度	Z轴Z方向线性位移误差	null	0.012	日检项目	
14	G24	几何精度	Z轴绕X向的角位移误差	null	0.012	日检项目	
15	G25	几何精度	Z轴绕Y向的角位移误差	null	0.012	日检项目	
16	G31	几何精度	主轴X方向跳动误差	null	0.012	周检项目	

图 8.9　信息浏览界面

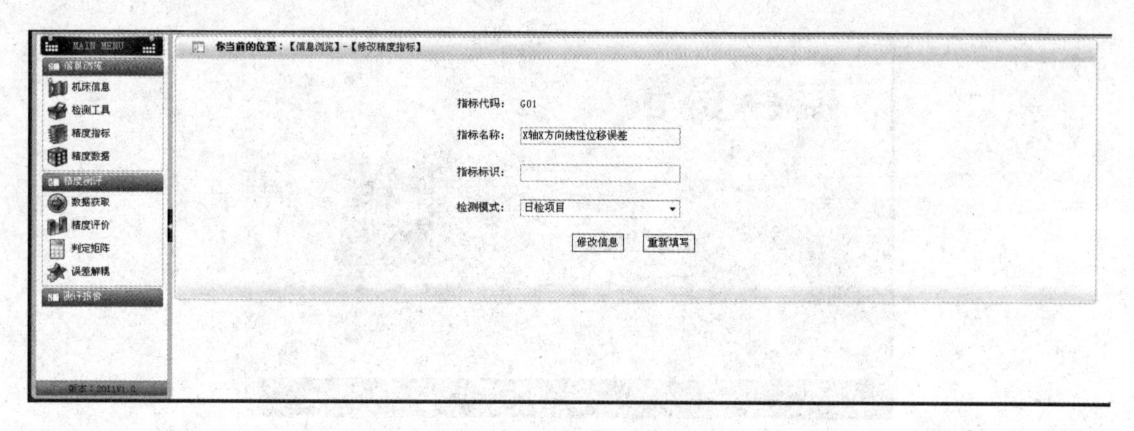

图 8.10　精度指标修改界面

(4)精度获取界面

如图 8.11 所示,用户可以根据需要选择合适的方式对精度数据进行上传。上传的文件类型默认为 Excel 格式。在进行数据上传时,可以根据检测模式的不同,生成不同的模板数据,用户只需要在该模板中填入数据,再选择上传即可存入相应的数据表。如图 8.12 所示为生成的几何精度数据模板文件。

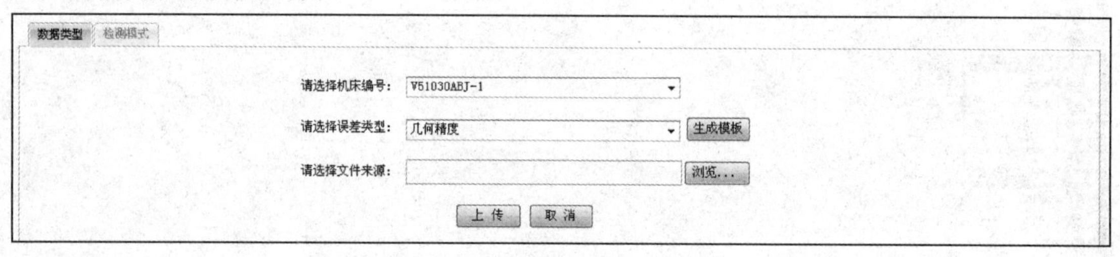

(a)数据类型选择

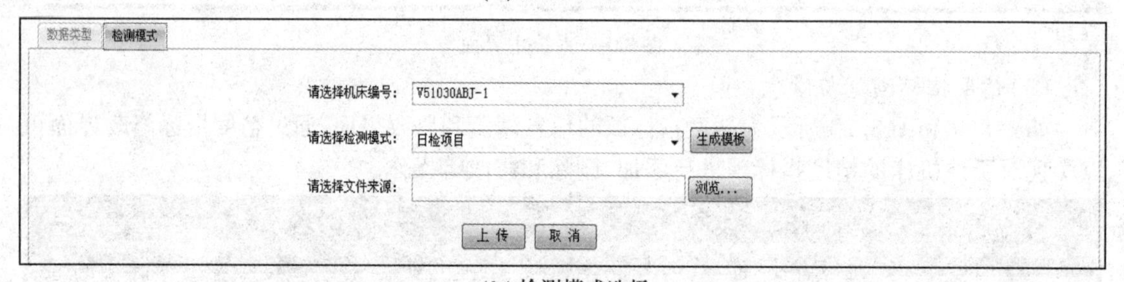

(b)检测模式选择

图 8.11　数据类型及检测模式选择界面

序号	机床编号	检测日期	检测项目	检测值	允差值	检测阶段	备注
1	V51030ABJ-1	2012-09-20	X轴X方向线性位移误差		0.02	使用中	
2	V51030ABJ-1	2012-09-20	X轴Y方向直线度误差		0.01	使用中	
3	V51030ABJ-1	2012-09-20	X轴Z方向直线度误差		0.01	使用中	
4	V51030ABJ-1	2012-09-20	X轴绕X向的角位移误差		0.015	使用中	
5	V51030ABJ-1	2012-09-20	X轴绕Y向的角位移误差		0.015	使用中	
6	V51030ABJ-1	2012-09-20	Y轴X方向直线度误差		0.01	使用中	
7	V51030ABJ-1	2012-09-20	Y轴Y方向线性位移误差		0.02	使用中	
8	V51030ABJ-1	2012-09-20	Y轴Z方向直线度误差		0.01	使用中	
9	V51030ABJ-1	2012-09-20	Y轴绕X向的角位移误差		0.015	使用中	
10	V51030ABJ-1	2012-09-20	Y轴绕Y向的角位移误差		0.015	使用中	

图 8.12　几何精度数据模板文件

(5)判定矩阵修改界面

在进行精度评价时,需要得到精度指标的权重系数。采用层次分析法确定权重系数时,用户可以对判定矩阵进行修改。修改界面如图 8.13 所示,导出的矩阵文件默认为 Excel 文件格式,如图 8.14 所示。

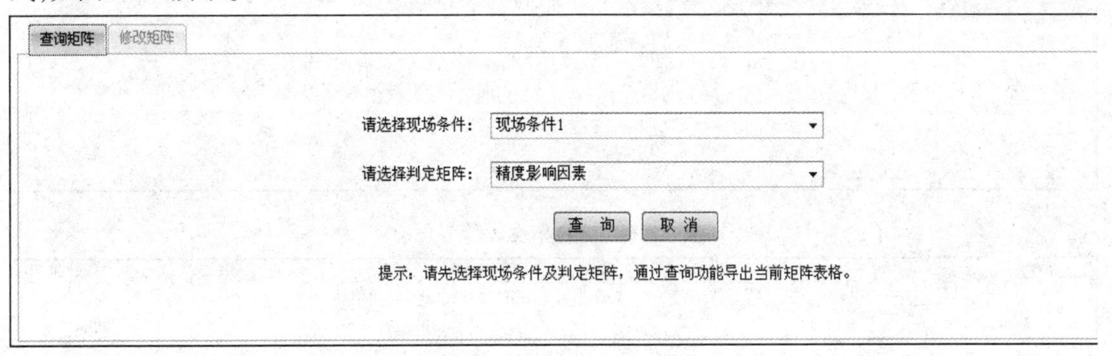

图 8.13 判定矩阵修改界面

	X方向热漂移误差	Y方向热漂移误差	Z方向热漂移误差	绕X轴转角误差	绕Y轴转角误差
X方向热漂移误差	1	1	2	5	5
Y方向热漂移误差	1	1	2	5	5
Z方向热漂移误差	1/2	1/2	1	7	7
绕X轴转角误差	1/5	1/5	1/7	1	1
绕Y轴转角误差	1/5	1/5	1/7	1	1

图 8.14 导出的判定矩阵文件

(6)精度测评界面

精度评价时,首先选择对象机床,然后确定机床精度测评的项目,即单项精度或综合精度。单项精度评价界面如图 8.15 所示。综合精度评价时的界面如图 8.16 所示,综合精度评价时用户可以选择任意多项评价指标。精度评价完成后,测评结果将以 PDF 文件的格式保存到指定的目录下。

单项精度 综合精度

请选择机床编号： V51030ABJ-1

请选择误差类型：

请选择评价指标：

评 价 重 置

图 8.15 单项精度评价界面

(7)精度测评结果查看

测评报告模块可以根据时间节点查看前期测评结果。如图 8.17 所示为机床综合精度测评结果,用户可以打开相应的测评报告。同时用户还可以通过如图 8.18 所示的界面查看某台机床特定时间的评价报告、精度对比分析报告和精度改进建议报告等。

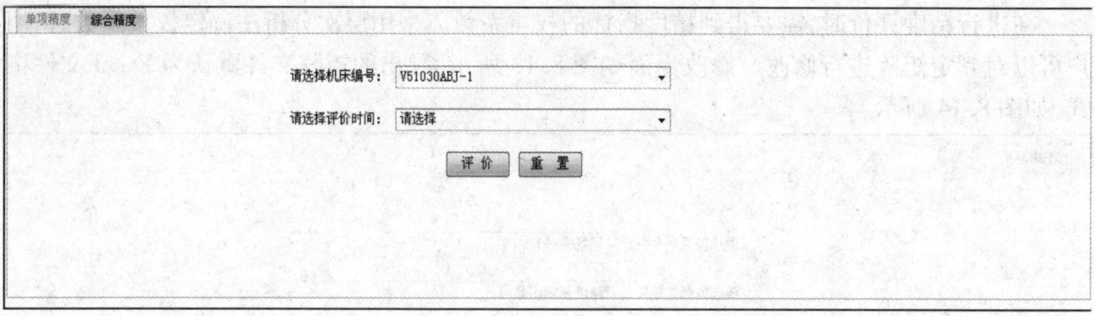

图 8.16　综合精度评价界面

序号	机床编号	隶属度	评价时间	备注	打开报告
1	V51030ABJ-1	0.15450001	2012-07-08 11:22:24	null	
2	V51030ABJ-1	0.048	2012-07-08 13:32:42	null	
3	V51030ABJ-1	0.15450001	2012-07-08 13:51:12	null	
4	V51030ABJ-1	0.094000004	2012-08-03 13:13:57	null	
5	V51030ABJ-1	0.8511249	2012-08-03 13:19:11	null	
6	V51030ABJ-1	0.80746716	2012-08-03 13:22:34	null	
7	V51030ABJ-1	0.956	2012-6-6 14:11:14	使用中	
8	V51030ABJ-1	0.956	2012-6-3 20:35:28	使用中	
9	V51030ABJ-1	0.15450001	2012-07-07 14:17:30	null	
10	V51030ABJ-1	0.15450001	2012-07-08 12:19:28	null	
11	V51030ABJ-1	0.15450001	2012-07-08 13:17:09	null	
12	V51030ABJ-1	0.15450001	2012-07-08 13:49:18	null	
13	V51030ABJ-1	0.15450001	2012-07-08 13:55:16	null	
14	V51030ABJ-1	0.15450001	2012-07-08 13:57:43	null	
15	V51030ABJ-1	0.83146715	2012-08-03 13:49:10	null	
16	V51030ABJ-1	0.15450001	2012-07-07 14:14:43	null	

共有 16 条记录，当前第 1/1 页　首页 尾页 转到第 1 页

图 8.17　精度测评结果查看界面

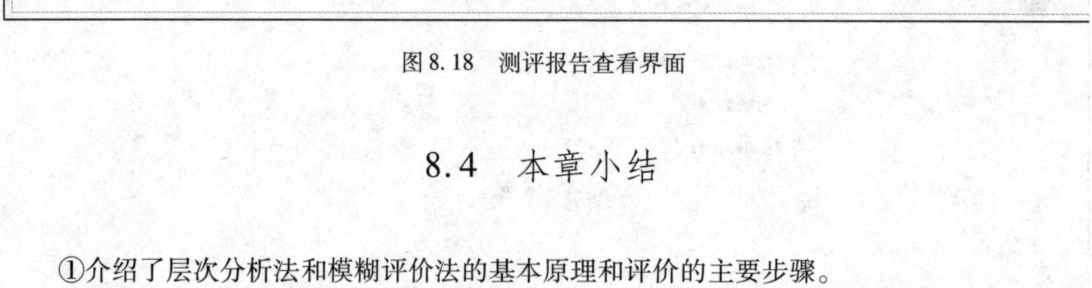

图 8.18　测评报告查看界面

8.4　本章小结

①介绍了层次分析法和模糊评价法的基本原理和评价的主要步骤。

②利用前几章介绍的方法对机床各项误差进行检测和误差分离，设计了精度评价体系指标。

③根据计算得出的机床精度评价指标体系中最底层的各项评价指标值，利用层次分析法和模糊综合评判法对机床的精度进行逐层评价和整体评价。

④根据用户的实际需要，开发了数控机床精度测评原型系统，介绍了该系统的开发及运行环境、系统主要框架、关键功能模块及精度测评流程，展示了测评系统的典型模块的部分运行实例。

9 结论与展望

数控机床的精度是保证零件加工精度的首要条件之一。随着交通、航空、航天等领域的发展,汽车零部件、飞机结构件及现代模具的结构变得越来越复杂,曲面变得越来越多,对数控机床的精度也提出了更高的要求。针对数控机床精度保持性和提高的需求,进行数控机床误差分析与精度测评的研究,深入研究机床误差检测方法、误差辨识与分离机理、误差分析模型及精度测评方法,本书所做研究对我国高档数控机床的自主开发及精度提高有重要理论意义和实用价值。

9.1 主要研究结论

本书以"高档数控机床与基础制造装备"重大专项课题《数控机床精度及其现场测评规范研究》课题为背景,针对实际企业所采用的大型龙门、立式及卧式等五轴数控机床精度检测和评价的实际需求,展开了五轴数控机床误差建模与精度评价技术的研究。总结相关研究工作,主要研究成果及结论如下:

①五轴数控机床误差建模原理与分析模型研究。针对3种构型五轴数控机床建立了相应的综合误差模型。在分析了机床主要误差来源及误差形式,五轴数控机床结构分类的基础上,基于多体系统理论建立不同构型五轴数控机床的综合误差模型,为后续章节误差分离、精度预测与评价奠定了理论基础。

②提出了五轴数控机床旋转定位误差的非接触式检测方法。利用机器视觉非接触式的优点,根据不同构型五轴数控机床旋转轴的结构特点,利用相机对旋转轴在不同位置处的标志图像进行采集,对获取的图像采用图像处理技术进行不同转角误差计算,并与传统检测方法作比较,验证所提方法的可行性与有效性。

③提出了转台加摆头式五轴数控机床几何误差和伺服误差综合建模评价方法。针对五轴数控机床旋转轴与直线轴的联动误差进行了分析与评价,提出了一种对五轴数控机床旋转轴与直线轴在不同进给速度下联动时的几何误差和伺服误差综合建模方法,并对其在机床总误差中所占比重进行了评估,由实验结果可知,高速时实验对象机床的伺服动态误差对机床总误差影响较大,所提出的方法为相似构型机床的几何误差及伺服误差的评价提供了参考。

④建立了双转台式五轴数控机床旋转轴误差检测与辨识模型。根据五轴数控机床旋转轴的运动形式与相关误差的特点,制订了不同的误差检测模式与误差分离方法。利用球杆仪在不同检测模式下检测机床旋转轴运动时的误差,通过建立与两个旋转轴相关的误差模型,对误差结果进行分离和辨识,得到与回转工作台相关的误差参数,为旋转轴误差的补偿和调整提供了参考的依据。

⑤建立了五轴数控机床空间误差分析模型。利用激光干涉仪等仪器检测机床坐标轴的各项误差,基于多体系统理论建立空间误差模型,计算机床工作区域内的空间误差分布,预测机床当前精度状况。为确定机床特定误差检测项,实现对主要误差项的快速、高效检测和数控机床误差补偿提供了基础数据。

⑥提出了数控机床圆度误差检测与分离方法。在研究了机床各种误差源对机床圆度影响的基础上,对部分误差源的误差传递函数进行了推导,根据机床插补运动轨迹与各误差源之间的关系,推导了误差分离算法,通过求解相应的参数得到各种误差源在机床总误差中所占的比重和具体误差值,实现对各种误差源的定性分析和定量分析。

⑦根据用户的需求,开发了一套数控机床精度评价原型系统。在数控机床误差分析、检测、辨识的基础上,设计了机床精度测评指标集,构建了机床精度评价指标体系。基于所开发的系统,利用层次分析法和模糊综合评判法对机床的精度进行评价。

9.2 主要创新点

①提出了利用机器视觉技术对不同构型五轴数控机床旋转轴定位误差进行检测的方法。利用机器视觉非接触式的优点,根据不同构型五轴数控机床旋转轴的结构特点,制订标志固定于检测轴上,利用相机对旋转轴在不同位置处的标志图像进行采集,对获取的图像采取图像处理技术进行不同转角误差计算,并与传统检测方法作比较,验证了所提方法的可行性与有效性。

②提出了一种对五轴数控机床旋转轴与直线轴在不同进给速度下联动时的几何误差和伺服误差综合建模评价方法,并对其在机床总误差中所占比重进行了评估,由实验结果可知,高速时实验对象机床的伺服动态误差对机床总误差影响较大,约占机床总误差的75%。所提方法可为相似构型机床的几何误差及伺服误差的评价提供参考。

③建立了数控机床空间误差分析模型。利用激光干涉仪等仪器检测机床坐标轴的各项误差,基于多体系统理论建立空间误差模型,计算机床工作区域内的空间误差分布及机床当前精度状况,为确定机床特定误差检测项,实现对机床主要误差项的快速、高效检测和数控机床误差补偿提供条件。

④提出了数控机床圆度误差检测与分离方法。在分析机床圆度误差影响因素基础上,推导了误差传递函数与误差分离算法,通过参数求解得到了各误差源对机床圆度误差的影响程度,实现了各误差源的定性分析和定量分析。同时,利用光栅尺位移传感器和球杆仪对数控机床在不同工况下的圆误差检测,通过对两种检测方式下检测结果进行对比,进一步分析了数控机床的主要误差源。利用光栅尺检测的优点,进行了机床在小半径、高速度和大半径、高速度工况下的误差检测。根据用户对机床日常检测与维护的需求,开发了圆度误差分析功能模块,实现对机床圆度误差的初步分离。

9.3　研究展望

本书针对数控机床误差检测与精度评价的需求，进行了机床误差检测技术、误差辨识技术、精度预测与评价技术等关键技术研究，并在此基础上构建了机床精度测评的原型系统。但无论是理论的深度还是相关关键技术的协作与集成，都有待进一步深入研究，仍有大量工作要做：

①对机床误差源影响规律的认识还需进一步深入研究。机床精度问题是机床设计厂家和用户普遍关心的问题，随着机床结构、运动形式及控制方式变得越来越复杂，机床各误差源对机床精度的影响规律也变得越来越复杂，特别是对未知误差来源和在不同工况下误差源对机床加工精度的影响规律的认识还需继续研究。

②误差辨识和误差分离技术的研究工作还需进一步加强。如何根据机床的加工精度溯源到机床各个部件的误差是机床误差分离和误差辨识工作的关键步骤。目前已有的误差辨识分离方法主要针对特定的研究对象，如何提高误差辨识和分离算法的通用性和适用性还需大量的研究工作。

③误差检测效率和检测精度还需进一步提高。本书提出了一种基于机器视觉技术检测机床旋转轴定位误差的方法，但误差检测的图像处理算法还需提高以进一步提高误差检测精度。另外，如何利用同一检测仪器制订不同的检测路径进行机床多种误差项的检测是下一步要研究的重点。

④误差测评算法的客观性还需进一步提高，由于本书采用了基于层次分析法和模糊理论的综合评价方法，判断矩阵的构建采用专家打分法，缺乏客观性，因此更合理的精度评价方法还需大量研究工作。

⑤目前大多数误差检测方法仍为静态误差检测，如何检测机床加工过程中的动态误差来分析机床精度和动态特性及可靠性之间的相互关系和影响规律也是下一步要研究的工作重点。

参考文献

[1] 李圣怡,戴一帆. 精密和超精密机床精度建模技术[M]. 长沙: 国防科技大学出版社, 2007.

[2] 陈东菊. 大型立式超精密机床系统误差分析与辨识技术研究[D]. 哈尔滨: 哈尔滨工业大学, 2010.

[3] 商鹏. 基于球杆仪的高速五轴数控机床综合误差建模与检测方法[D]. 天津: 天津大学, 2008.

[4] 梁铖, 刘建群. 五轴联动数控机床技术现状与发展趋势[J]. 机械制造, 2010(01): 5-7.

[5] 阳红. 龙门加工中心动态热误差产生机理及补偿技术研究[D]. 成都: 四川大学, 2012.

[6] 宋利宝. 机床误差对加工精度的影响及改善措施[J]. 装备制造技术, 2011(10): 160-162.

[7] 王桂芬, 李红军, 龙泉江. 试谈机床精度对机床加工精度的影响[J]. 中国科技博览, 2011(10): 25.

[8] 粟时平, 李圣怡. 基于空间误差模型的加工中心几何误差辨识方法[J]. 机械工程学报, 2002, 38(7): 121-125.

[9] 梅梅, 牟文平. "S"试件——打造五轴机床检测国际新标准[EB/OL]. [2013-03-07].

[10] Zhiyong Song Y C. S-SHAPE DETECTION TEST PIECE AND A DETECTION METHOD FOR DETECTIONG THE PRECISION OF NUMERICAL CONTROL MILLING MACHINE [P]. United States, 12/523,062. Nov. 22,2011.

[11] Shi R B, Yan J M, Guo Z P. A New Test Part for Detecting Processing Accuracy of Five Axis CNC Machine Tools[J]. Advanced Materials Research, 2012(468-471): 161-167.

[12] Bryan J B. A simple method for testing measuring machines and machine tools Part 1: Principles and applications[J]. Precision Engineering, 1982, 4(2): 61-69.

[13] Uddin M S, Ibaraki S, Matsubara A, et al. Prediction and compensation of machining geometric errors of five-axis machining centers with kinematic errors[J]. Precision engineering, 2009, 33(2): 194-201.

[14] Chen G, Yuan J, Ni J. A displacement measurement approach for machine geometric error assessment[J]. International Journal of Machine Tools and Manufacture, 2001, 41(1): 149-

161.
[15] Knapp W. Test of three-dimension uncertainty of machine tools and measuring and its relation to the machine error[J]. Annals of the CIRP. 1983, 32(1): 459-464.
[16] S. okuyama E A. Effect of floating capacity on the measurement error of the CBP method. 1998.
[17] 洪迈生,苏恒. 数控机床的运动精度诊断——评述与对策[J]. 机械工程学报, 2002, 38(2): 90-94.
[18] Gao W, Tano M, Araki T, et al. Measurement and compensation of error motions of a diamond turning machine[J]. Precision engineering, 2007, 31(3): 310-316.
[19] Hong S, Shin Y, Lee H. An efficient method for identification of motion error sources from circular test results in NC machines[J]. International Journal of Machine Tools and Manufacture, 1997, 37(3): 327-340.
[20] Zhang G, Ouyang R, Lu B, et al. A displacement method for machine geometry calibration [J]. CIRP Annals-Manufacturing Technology, 1988, 37(1): 515-518.
[21] 范晋伟. 基于多体系统运动学的数控机床运动建模及软件误差补偿技术的研究[D]. 天津: 天津大学, 1996.
[22] 赵小松, 方沂. 四轴联动加工中心误差补偿技术的研究[J]. 中国机械工程, 2000, 11(6): 637-639.
[23] Schwenke H, Schmitt R, Jatzkowski P, et al. On-the-fly calibration of linear and rotary axes of machine tools and CMMs using a tracking interferometer[J]. CIRP Annals-Manufacturing Technology, 2009, 58(1): 477-480.
[24] 张宏韬. 双转台五轴数控机床误差的动态实时补偿研究[D]. 上海: 上海交通大学, 2011.
[25] 裘祖荣, 石照耀, 李岩. 机械制造领域测量技术的发展研究[J]. 机械工程学报, 2010 (14): 1-11.
[26] 杨帆,杜正春, 杨建国, 等. 数控机床误差检测技术新进展[J]. 制造技术与机床,2012(3): 19-23.
[27] Leete D L. Automatic compensation of alignment errors in machine tools[J]. International Journal of Machine Tool Design and Research, 1961, 1(4): 293-324.
[28] D. french S H H. Compensation for backlash and alignment errors in a numerically controlled machine-tool by a digital computer program[J]. M. T. D. R. Conf. Proc, 1967(8): 707-726.
[29] Ferreira P M, Liu C R. An analytical quadratic model for the geometric error of a machine tool[J]. Journal of Manufacturing Systems, 1986, 5(1): 51-63.
[30] Elshennawy A K, Ham I. Performance improvement in coordinate measuring machines by error compensation[J]. Journal of Manufacturing Systems, 1990, 9(2): 151-158.
[31] Z. j, Han, K. Zhou. Improvement of positioning accuracy of rotating table by microcomputer control compensation [J]. M. T. D. R. Conf. Proc, 1986, 26: 115-120.
[32] Soons J A, Theuws F C, Schellekens P H. Modeling the errors of multi-axis machines: a general methodology[J]. Precision Engineering, 1992, 14(1): 5-19.
[33] Ziegert J C, Kalle P. Error compensation in machine tools: a neural network approach[J].

Journal of Intelligent Manufacturing, 1994, 5(3): 143-151.
[34] W. J. LOVE, A. J. SCARR. Determination of the volumetric accuracy of multi-axes machine [J]. M. T. D. R. Conf. Proc, 1973(14): 307-315.
[35] Schultschik R. The components of volumetric accuracy [J]. Annals of the CIRP, 1977, 1(26): 223-228.
[36] Lin P D, Ehmann K F. Direct volumetric error evaluation for multi-axis machines[J]. International Journal of Machine Tools and Manufacture, 1993, 33(5): 675-693.
[37] Kiridena V, Ferreira P M. Mapping the effects of positioning errors on the volumetric accuracy of five-axis CNC machine tools[J]. International Journal of Machine Tools and Manufacture, 1993, 33(3): 417-437.
[38] Donmez M A, Blomquist D S, Hocken R J, et al. A general methodology for machine tool accuracy enhancement by error compensation [J]. Precision Engineering, 1986, 8(4): 187-196.
[39] Horneo., Csipke E. Accuracy of machine tools[J]. Measurement Techniques,1978,10:113-122.
[40] Chen J. s. Y J N J. Compensation of non-rigid body kinematics effect of a machining center [J]. Transaction of NANRI, 1992, 2(20): 325-329.
[41] Yang S, Yuan J, Ni J. The improvement of thermal error modeling and compensation on machine tools by CMAC neural network[J]. International Journal of Machine Tools and Manufacture, 1996, 36(4): 527-537.
[42] 朱建忠，李圣怡. 超精密机床变分法精度分析及其应用[J]. 国防科技大学学报，1997，19(002): 36-40.
[43] 朱建忠,李圣怡,黄凯. 超精密机床精度分析、建模与精度控制技术研究[D]. 长沙: 国防科技大学, 1997.
[44] 杨建国，潘志宏，薛秉源. 数控双主轴车床几何和热误差综合数学模型及实时补偿[J]. 机械设计与研究，1998，1: 44-46.
[45] 杨建国，潘志宏. 数控机床几何和热误差综合的运动学建模[J]. 机械设计与制造，1998(5): 31-32.
[46] Rahman M, Heikkala J, Lappalainen K. Modeling, measurement and error compensation of multi-axis machine tools. Part I: theory[J]. International Journal of Machine Tools and Manufacture, 2000, 40(10): 1535-1546.
[47] Kiridena V, Ferreira P M. Kinematic modeling of quasi-static errors of three-axis machining centers[J]. International Journal of Machine Tools and Manufacture, 1994, 34(1): 85-100.
[48] Kiridena V, Ferreira P M. Parameter estimation and model verification of first order quasi-static error model for three-axis machining centers[J]. International Journal of Machine Tools and Manufacture, 1994, 34(1): 101-125.
[49] 林伟青，傅建中，陈子辰，等. 数控机床热误差的动态自适应加权最小二乘支持矢量机建模方法[J]. 机械工程学报，2009，45(3): 178-182.
[50] 阳红，向胜华，刘立新，等. 基于最优权系数组合建模的数控机床热误差在线补偿[J].

农业机械学报，2012，43(005)：216-221.
[51] 曲智勇，陈维山，姚郁．导轨几何误差辨识方法的研究[J]．机械工程学报，2006，42(4)：201-205.
[52] 任永强，杨建国．五轴数控机床综合误差补偿解耦研究[J]．机械工程学报，2004，40(2)：55-59.
[53] Zargarbashi S，Mayer J．Assessment of machine tool trunnion axis motion error，using magnetic double ball bar[J]．International Journal of Machine Tools and Manufacture，2006，46(14)：1823-1834.
[54] 胡建忠．五轴数控机床运动误差辨识及加工精度预测技术研究[D]．北京：北京工业大学，2010.
[55] 吕正建．机床夹具评价体系及评价方法研究[D]．大连：大连交通大学，2007.
[56] 李鹏，俞国燕．多指标综合评价方法研究综述[J]．机电产品开发与创新，2009(4)：24-25.
[57] 高阳，王刚，夏洁．一种新的基于人工神经网络的综合集成算法 [J]．系统工程与电子技术，2004，26(12)：1821-1825.
[58] 潘大丰，李群．神经网络多指标综合评价方法研究[J]．农业系统科学与综合研究，1999，15(2)：105-107.
[59] 冯岑明，方德英．多指标综合评价的神经网络方法[J]．现代管理科学，2006(3)：61-62.
[60] 陈永民，俞国燕．粗糙集理论在多指标综合评价中的应用研究[J]．现代制造工程，2005，51(2)：4-7.
[61] 宋杰鲲，张在旭，张晓慧．一种基于熵权多目标决策和人工神经网络的炼油企业绩效评价方法[J]．中国石油大学学报：自然科学版，2006，30(1)：146-149.
[62] 赵利梅，刘萍．一种基于 GA-ANN 的智能评价系统及其应用[J]．山西建筑，2007，33(9)：361-362.
[63] 徐伟，王孝红，黄志义．基于层次分析法的公路养护维修安全作业影响因素分析[J]．公路交通科技：应用技术版，2011(10)：298-301.
[64] 王江涛，周泓．层次分析法在商业银行信息化绩效评价的应用[J]．北京航空航天大学学报：社会科学版，2009，22(1)：14-18.
[65] 吉庆华，胡馨月．层次分析法在企业改制风险评估中的应用[J]．统计与决策，2011，1：110-170.
[66] 白雪．我国廉租房实物配租轮候排序评价研究[D]．重庆：重庆大学，2011.
[67] 杨兆军，郝庆波，陈菲，等．基于区间分析的数控机床可靠性模糊综合分配方法[J]．北京工业大学学报，2011，37(3)：321-329.
[68] 吴晓冬，刘世豪，刘志刚．基于模糊层次分析法的切丝机综合性能评判[J]．烟草科技，2010(3)：18-21.
[69] 刘世豪，叶文华，唐敦兵，等．基于层次分析法的数控机床性能模糊综合评判[J]．山东大学学报：工学版，2010，40(1)：68-72.
[70] K. kim，M. K. Kim．Volumetric accuracy analysis based generalized geometric error model in

multi-axes machine tools[J]. Mech. Mach. Theory, 1991, 26(2): 207-219.

[71] Yang M, Lee J. Measurement and prediction of thermal errors of a CNC machining center using two spherical balls[J]. Journal of Materials Processing Technology, 1998, 75(1): 180-189.

[72] 卢碧红，葛研军. 虚拟数控车削加工精度预测研究[J]. 机械工程学报, 2002, 38(2): 82-85.

[73] 粟时平，杨勇，李圣怡. 基于多体系统理论的数控机床加工精度预测系统[J]. 长沙电力学院学报: 自然科学版, 2003, 18(2): 36-40.

[74] 孙春华，朱荻，李志永. 基于 BP 神经网络的电解加工精度预测模型[J]. 华南理工大学学报: 自然科学版, 2005, 32(10): 24-27.

[75] Uddin M, Ibaraki S, Matsubara A, et al. Prediction of Machining Accuracy of 5-Axis Machine Tools with Kinematic Errors[C]. Springer, 2007.

[76] 张松青，崔纪超. 零件精度预测模型的研究[J]. 机床与液压, 2008, 36(4): 320-321.

[77] 杨小萍. 数控铣削物理仿真精度预测系统研究[D]. 哈尔滨: 哈尔滨理工大学, 2009.

[78] 王永，郭俊康，洪军，等. 用于机械系统精度预测的理想表面法[J]. 西安交通大学学报, 2012, 45(12): 104-110.

[79] 刘志峰，刘广博，程强，等. 基于多体系统理论的精密立式加工中心精度建模与预测[J]. 吉林大学学报: 工学版, 2012, 42(2): 388-391.

[80] 谢晓燕，马伏波，陈小俊，等. 切削力对工件加工精度的影响与分析[J]. 煤矿机械, 2004(11): 51-53.

[81] 吴昊，杨建国，张宏韬，等. 三轴数控铣床切削力引起的误差综合运动学建模[J]. 中国机械工程, 2008, 19(16): 1908-1911.

[82] 陈志俊. 数控机床切削力误差建模与实时补偿研究[D]. 上海: 上海交通大学, 2008.

[83] 张根保，王望良，许智，等. 五轴数控滚齿机切削力误差综合运动学建模[J]. 机械设计, 2010(9): 10-14.

[84] 尹明富，褚金奎. 空间凸轮数控加工刀具误差对凸轮轮廓法向误差影响的计算方法[J]. 机械科学与技术, 2002, 21(1): 37-39.

[85] 李晓丽. 面向多体系统的五轴联动数控机床运动建模及几何误差分析研究[D]. 成都: 西南交通大学, 2008.

[86] 陈传波，陆枫. 计算机图形学基础[M]. 北京: 电了工业出版社, 2005.

[87] 杜玉湘，陆启建. 五轴联动数控机床的结构和应用[J]. 机械制造与自动化, 2008, 37(3): 14-16.

[88] Lei W T, Paung I M, Yu C. Total ballbar dynamic tests for five-axis CNC machine tools[J]. International Journal of Machine Tools and Manufacture, 2009, 49(6): 488-499.

[89] Suh S, Lee E, Jung S. Error modelling and measurement for the rotary table of five-axis machine tools[J]. The International Journal of Advanced Manufacturing Technology, 1998, 14(9): 656-663.

[90] Lei W T, Sung M P, Liu W L, et al. Double ballbar test for the rotary axes of five-axis CNC machine tools[J]. International Journal of Machine Tools and Manufacture, 2007, 47(2):

273-285.

[91] Zargarbashi S, Mayer J. Assessment of machine tool trunnion axis motion error, using magnetic double ball bar[J]. International Journal of Machine Tools and Manufacture, 2006, 46(14): 1823-1834.

[92] Tsutsumi M, Saito A. Identification of angular and positional deviations inherent to 5-axis machining centers with a tilting-rotary table by simultaneous four-axis control movements[J]. International Journal of Machine Tools and Manufacture, 2004, 44(12): 1333-1342.

[93] Hsu Y Y, Wang S S. A new compensation method for geometry errors of five-axis machine tools[J]. International journal of machine tools and manufacture, 2007, 47(2): 352-360.

[94] 廖平兰. 机床加工过程综合误差实时补偿技术[J]. 机械工程学报, 1992, 28(2): 65-68.

[95] Lei W T, Paung I M, Yu C. Total ballbar dynamic tests for five-axis CNC machine tools[J]. International Journal of Machine Tools and Manufacture, 2009, 49(6): 488-499.

[96] Lei W T, Sung M P, Liu W L, et al. Double ballbar test for the rotary axes of five-axis CNC machine tools[J]. International Journal of Machine Tools and Manufacture, 2007, 47(2): 273-285.

[97] 张葳, 王娟. 五轴联动数控机床旋转轴几何误差测量与分离方法[J]. 机电工程技术, 2008, 37(9): 16-19.

[98] 周玉清, 陶涛, 梅雪松, 等. 旋转轴与平移轴联动误差的快速测量及溯源[J]. 西安交通大学学报, 2010, 44(5): 80-84.

[99] 付璇, 田怀文, 朱绍维. 五轴数控机床旋转轴几何误差测量与建模[J]. 机械设计与制造, 2011(2): 157-159.

[100] 张大卫, 商鹏, 田延岭, 等. 五轴数控机床转动轴误差元素的球杆仪检测方法[J]. 中国机械工程, 2008, 19(22): 2737-2741.

[101] 刘飞. 五轴数控机床回转轴的误差检测技术研究[J]. 机械工程与自动化, 2009(4): 133-135.

[102] 高秀峰, 刘春时, 李焱, 等. 基于激光干涉仪的 A/C 轴双摆角铣头定位误差检测与辨识[J]. 机械设计与制造, 2012(12): 212-214.

[103] 崔勇, 徐岩. 精密转台角位移精度的测量方法研究[J]. 计量与测试技术, 2012, 39(2): 1-2.

[104] 刘利平. 机器视觉技术在污水处理溶解氧测定中的应用研究[D]. 北京: 北京工业大学, 2009.

[105] Q. Li, J. Han, M. X. Wang, et al. Research on detection method of dynamic accuracy of chain tool magazine[J]. Chinese Journal of Scientific Instrument. 2018, 39:135-145.

[106] G. F. Tian, F. Gao, X. Y. Liu. Research of numerical system for cutter measurement based on Computer Vision[J]. Microcomputer & Its Applications. 2015, 34: 31-34.

[107] J C. Guo, Z. M. Zhu, Y. F. Yu ,et al. Research and application of visual sensing technology based on laser structured light in welding industry[J]. Chinese Journal of Lasers. 2017, 44 :1200001.

[108] D. Liu, B. Zhang, H. X. Li, et al. Detection of micro cylinder end face defect in complex background[J]. Laser & Optoelectronics Progress. 2018, 55: 061006.

[109] S. B. Yin, Y. J. Ren, T. Liu, et al. Review on application of machine vision in modern automobile manufacturing[J]. Acta Optica Sinica. 2018, 38: 0815001.

[110] T. Y. Shi, L. Z. Zhou, C. Wang, et al. Machine Vision-Based Real-Time Monitor System for Laser Cleaning Aluminum Alloy[J]. Chinese Journal of Lasers. 2019, 46: 0402007.

[111] Li D, Yang W, Wang S. Classification of foreign fibers in cotton lint using machine vision and multi-class support vector machine[J]. Computers and Electronics in Agriculture, 2010, 74(2): 274-279.

[112] Miura J, Ikeuchi K. Task-oriented generation of visual sensing strategies in assembly tasks [J]. Pattern Analysis and Machine Intelligence, IEEE Transactions on, 1998, 20(2): 126-138.

[113] Tsai D, Chen J, Chen J. A vision system for surface roughness assessment using neural networks[J]. The International Journal of Advanced Manufacturing Technology, 1998, 14(6): 412-422.

[114] Bradley C, Wong Y S. Surface texture indicators of tool wear-a machine vision approach [J]. The International Journal of Advanced Manufacturing Technology, 2001, 17(6): 435-443.

[115] Eladawi A E, Gadelmawla E S, Elewa I M, et al. An application of computer vision for programming computer numerical control machines[J]. Proceedings of the Institution of Mechanical Engineers, Part B: Journal of Engineering Manufacture, 2003, 217(9): 1315-1324.

[116] W. Wang, Z. B. Liu, Y. Bao, et al. Application of Digital Image Processing Technology in Scanning Electrochemical Microscope[J]. Chinese Journal of Analytical Chemistry, 2018, 46: 342-347.

[117] 阮宇智,阮秋琦,等. 数字图像处理[M]. 北京:电子工业出版社, 2005.

[118] Roberts L G. Machine perception of three-dimensional solids[R]. DTIC Document, 1963.

[119] Davis L S. A survey of edge detection techniques[J]. Computer graphics and image processing, 1975, 4(3): 248-270.

[120] Sobel I. Camera models and machine perception[R]. DTIC Document, 1970.

[121] 张永亮,刘安心. 基于 Prewitt 算子的计算机数字图像边缘检测改进算法[J]. 解放军理工大学学报:自然科学版, 2005, 6(1): 44-46.

[122] Kirsch R A. Computer determination of the constituent structure of biological images[J]. Computers and biomedical research, 1971, 4(3): 315-328.

[123] Marr D, Hildreth E. Theory of edge detection[J]. Proceedings of the Royal Society of London. Series B. Biological Sciences, 1980, 207(1167): 187-217.

[124] Canny J. A computational approach to edge detection[J]. Pattern Analysis and Machine Intelligence[J]. IEEE Transactions on, 1986, 6: 679-698.

[125] Saadeddine L, Aziz B, Akram H, etl. A dynamic mosaicking method for finding an optimal

seamline with canny edge detector[J]. Procedia Computer Science, 2019, 148: 618-626.

[126] 张书玲，张小华. 基于小波变换的边缘检测[J]. 西北大学学报：自然科学版，2000，30(2): 93-97.

[127] Cao W, Che R, Ye D. An illumination-independent edge detection and fuzzy enhancement algorithm based on wavelet transform for non-uniform weak illumination images[J]. Pattern Recognition Letters, 2008, 29(3): 192-199.

[128] Li L, Yuan Y. Wavelet-hough transform with applications in edge and target detections[J]. International Journal of Wavelets[J]. Multiresolution and Information Processing, 2006, 4(03): 567-587.

[129] Chen M, Lee D, Pavlidis T. Residual analysis for feature detection[J]. Pattern Analysis and Machine Intelligence[J]. IEEE Transactions on, 1991, 13(1): 30-40.

[130] Song X, Neuvo Y. Robust edge detector based on morphological filters[J]. Pattern recognition letters, 1993, 14(11): 889-894.

[131] Chen B, He L, Liu P. A morphological edge detector for gray-level image thresholding[J]. Image Analysis and Recognition, 2005: 659-666.

[132] Bai X, Zhou F. Edge detection based on mathematical morphology and iterative thresholding [J]. Computational Intelligence and Security, 2007: 953-962.

[133] Jiang J, Chuang C, Lu Y, et al. Mathematical-morphology-based edge detectors for detection of thin edges in low-contrast regions[J]. IET Image Processing, 2007, 1(3): 269-277.

[134] Q. Qin, Y. Liu, H. H. Liu, et al, Application of image processing in micro-displacement sensing of fiber speckle[J]. Infrared and Laser Engineering. 2018, 47: 102204.

[135] K. Q. Shi, W. G. Wei. Image Denoising Method of Surface Defect on Cold Rolled Aluminum Sheet by Bilateral Filtering[J]. Surface technology. 2018, 47: 317-323.

[136] Gander W, Golub G H, Strebel R. Least-squares fitting of circles and ellipses[J]. BIT Numerical Mathematics, 1994, 34(4): 558-578.

[137] H. P. Wang, W. Xiong, et al. Data association algorithm based on least square fitting[J]. Acta Aeronautica et Astronautica Sinica. 2016, 37: 1603-1613.

[138] X. Q. Lei, Y. D. Zhang, W. S. Ma, et al, Least square fitting and error evaluation of the convex contour of bearing roller[J]. Optics and Precision Engineering. 2018, 26: 2039-2047.

[139] W. Bogdan, C. Agnieszka, Effect of ring misalignment on the fatigue life of the radial cylindrical roller bearing[J]. International Journal of Mechanical Sciences. 2016, 111: 1-11.

[140] Z. Y. Mu, H. Ai, X. H. Fan, et al. Inference fringe image registration using total least square method[J]. Chinese Optics. 2016, 9: 625-632.

[141] 陈果，周伽. 小样本数据的支持向量机回归模型参数及预测区间研究[J]. 计量学报，2008，29(1): 92-96.

[142] 唐发明. 基于统计学习理论的支持向量机算法研究[D]. 武汉：华中科技大学，2005.

[143] 张宏军，刘堂友. 结合 PCA 和 SVM 的太阳能电池缺陷识别[J]. 电视技术，2011，

35(21):66-68.
[144] 边肇祺，张学工. 模式识别[M]. 2版. 北京：清华大学出版社，2000.
[145] Yau H, Ting J, Chuang C. NC simulation with dynamic errors due to high-speed motion [J]. The International Journal of Advanced Manufacturing Technology, 2004, 23(7): 577-585.
[146] Mir Y A, Mayer J R, Fortin C. Tool path error prediction of a five-axis machine tool with geometric errors[J]. Proceedings of the Institution of Mechanical Engineers, Part B: Journal of Engineering Manufacture, 2002, 216(5): 697-712.
[147] Zargarbashi S, Mayer J. Assessment of machine tool trunnion axis motion error, using magnetic double ball bar[J]. International Journal of Machine Tools and Manufacture, 2006, 46 (14): 1823-1834.
[148] Lei W T, Paung I M, Yu C. Total ballbar dynamic tests for five-axis CNC machine tools [J]. International Journal of Machine Tools and Manufacture, 2009, 49(6): 488-499.
[149] Lei W T, Sung M P, Liu W L, et al. Double ballbar test for the rotary axes of five-axis CNC machine tools[J]. International Journal of Machine Tools and Manufacture, 2007, 47(2): 273-285.
[150] Ramesh R. M M A P. Error compensation in machine tools—a review. Part I: geometric, cutting-force induced and fixture-dependent errors [J]. International Journal of Machine Tools Manufacture, 2000(40): 1235-1256.
[151] 沈金华，李永祥，鲁志政，等. 数控车床几何和热误差综合实时补偿方法应用[J]. 四川大学学报：工程科学版，2008，40(1):163-166.
[152] 王时龙，杨勇，周杰，等. 双柱立式数控滚齿机热变形规律[J]. 四川大学学报：工程科学版，2011，43(3):225-232.
[153] 郭前建，贺磊，杨建国. 基于投影追踪回归的机床热误差建模技术[J]. 四川大学学报：工程科学版，2012，42(2):227-230.
[154] 王金栋，郭俊杰，费致根，等. 基于激光跟踪仪的数控机床几何误差辨识方法[J]. 机械工程学报. 2011，47(14):13-19.
[155] Zhu S, Ding G, Qin S, et al. Integrated geometric error modeling, identification and compensation of CNC machine tools[J]. International Journal of Machine Tools and Manufacture. 2012, 52(1): 24-29.
[156] Kim K. K M K. Volumetric accuracy analysis based generalized geometric error model in multi-axes machine tools[J]. Mech. Mach. Theory. 1991, 2(26): 207-219.
[157] Castro H. A method for evaluating spindle rotation errors of machine tools using a laser interferometer[J]. Measurement, 2008, 41(5): 526-537.
[158] 李志荣，封志明. 数控机床综合误差分析与建模研究[J]. 制造技术与机床，2012(8): 69-72.
[159] Jae Pahk H, Sam Kim Y, Hee Moon J. A new technique for volumetric error assessment of CNC machine tools incorporating ball bar measurement and 3D volumetric error model[J]. International Journal of Machine Tools and Manufacture, 1997, 37(11): 1583-1596.

[160] 张虎，周云飞．数控机床空间误差球杆仪识别和补偿[J]．机械工程学报，2002，38(10)：108-113.
[161] 刘宁．工程目标决策研究[M]．北京：中国水利水电出版社，2006.
[162] 刘怡，张子刚．基于模糊层次分析法的工作流任务排序研究[J]．计算机集成制造系统，2006，12(5)：668-691.
[163] 熊立，梁樑，王国华．层次分析法中数字标度的选择与评价方法研究[J]．系统工程理论与实践，2005，3(3)：72-79.
[164] Bard J F, Sousk S F. A tradeoff analysis for rough terrain cargo handlers using the AHP: an example of group decision making[J]. IEEE Transactions on Engineering Management, 1990, 37(3): 222-228.
[165] L Z. A fuzzy sets[J]. Information and Control, 1965(8): 338-353.
[166] 胡宝清．模糊理论基础[M]．武汉：武汉大学出版社，2004.
[167] 张广鹏，赵宏林．一种机床动态特性的模糊评价方法[J]．制造技术与机床，2001(1)：14-16.
[168] 王桂萍，贾亚洲，周广文．基于模糊可拓层次分析法的数控机床绿色度评价方法及应用[J]．机械工程学报，2010(3)：141-147.